Carl Neumann

Über ein allgemeines Prinzip der mathematischen Theorie induzierter elektrischer Ströme

Carl Neumann

Über ein allgemeines Prinzip der mathematischen Theorie induzierter elektrischer Ströme

ISBN/EAN: 9783743408890

Hergestellt in Europa, USA, Kanada, Australien, Japan

Cover: Foto ©berggeist007 / pixelio.de

Manufactured and distributed by brebook publishing software (www.brebook.com)

Carl Neumann

Über ein allgemeines Prinzip der mathematischen Theorie induzierter elektrischer Ströme

Ueber ein allgemeines
PRINCIP DER MATHEMATISCHEN THEORIE
inducirter elektrischer Ströme.

Von

FRANZ NEUMANN.

(1847.)

Herausgegeben

von

C. Neumann.

Mit 10 Figuren im Text.

———

LEIPZIG

VERLAG VON WILHELM ENGELMANN

1892.

Ueber ein allgemeines Princip der mathematischen Theorie inducirter elektrischer Ströme

von

F. Neumann.

Aus den Abhandl. der Berliner Akademie aus dem Jahre 1848. Vorgelesen daselbst am 9. August 1847.

---

[1] In meiner Abhandlung über die mathematischen Gesetze der inducirten elektrischen Ströme*) habe ich die Fälle von linearen Inductionen behandelt, in welchen die gegenseitige Lage der Elemente der bewegten Stücke unverändert bleibt, diese also nicht ihre Form, nur ihre Lage verändern, die Stücke mochten übrigens dem inducirten Leitersystem oder dem inducirenden Stromsystem angehören. In der vorliegenden Abhandlung findet in Beziehung auf die Bewegung der Elemente eines jeden der beiden Systeme keine andere Beschränkung statt, als die, welche für das Zustandekommen von inducirten Strömen überhaupt nothwendig ist, nämlich dass die Elemente eines jeden der beiden Systeme während ihrer Bewegung unter einander in leitender Verbindung bleiben. Diese weitere Entwickelung des in der früheren Abhandlung zu Grunde gelegten Inductionsgesetzes hat zu einem so einfachen und allgemeinen Theorem geführt, dass dieses jetzt als ein Princip der mathematischen Theorie der inducirten elektrischen Ströme angesehen werden kann.

Dies Theorem lässt sich so aussprechen:

    Wird ein geschlossenes, unverzweigtes, leitendes Bogensystem A, durch eine beliebige Verrückung seiner Elemente, aber ohne Aufhebung der leitenden Verbindung [2] derselben, in ein anderes $A_{\prime\prime}$ von neuer Form und Lage

---

*) Die mathematischen Gesetze der inducirten elektrischen Ströme. Schriften der Berlin. Akad. d. W. 1845. Von Neuem abgedruckt in den Klassikern der exakt. Wiss. No. 10.

übergeführt, und geschieht diese Veränderung von $A_{\prime}$ in $A_{\prime\prime}$ unter dem Einfluss eines elektrischen Stromsystems $B_{\prime}$, welches gleichzeitig durch eine beliebige Verrückung seiner Elemente eine Veränderung in Lage, Form und Intensität von $B_{\prime}$ in $B_{\prime\prime}$ erfährt, so ist die Summe der elektromotorischen Kräfte, welche in dem leitenden Bogensystem durch diese Veränderungen inducirt worden sind, gleich dem mit der Inductionsconstante ε multiplicirten Unterschied der Potentialwerthe des Stromes $B_{\prime\prime}$ in Bezug auf $A_{\prime\prime}$ und des Stromes $B_{\prime}$ in Bezug auf $A_{\prime}$, wenn $A_{\prime\prime}$ und $A_{\prime}$ von der Stromeinheit durchströmt gedacht werden.

Der vorstehende Ausdruck des Theorems setzt voraus, dass das inducirte Leitersystem ohne Verzweigungen ist, und dem inducirten Strome also nur eine ungetheilte Bahn bietet. Hat das Leitersystem Verzweigungen, so muss man dasselbe sich in geschlossene unverzweigte Umgänge zerlegt denken, und auf jeden dieser Umgänge, als wäre er nur allein vorhanden, das Theorem anwenden. Dadurch erhält man die Summe der in jedem dieser einfachen Umgänge inducirten elektromotorischen Kräfte, und dies ist diejenige Grösse, deren Kenntniss nöthig und hinreichend ist, um, wenn die Leitungswiderstände gegeben sind, die Stärke des inducirten Stromes in jedem Theile des Leitersystems zu bestimmen. In dieser Erweiterung giebt das vorstehende Theorem unmittelbar den Ausdruck der elektromotorischen Kräfte in allen Fällen von linearen Inductionen, welche durch Veränderungen der Stromstärke und der relativen Lage der Stromelemente in Bezug auf die Elemente eines beliebig verzweigten Leitersystems in diesem erregt werden, die Fälle nicht ausgeschlossen, in welchen durch Verrückung von Stromstücken oder Stücken des Leitersystems Elemente aus der Bahn des inducirenden oder des inducirten Stromes heraustreten, oder eintreten. Die Gesetze der Magneto-Induction sind als ein besonderer Fall in dem Theorem enthalten. Nicht unter diesem Theorem begriffen sind die Fälle, wo ein so rascher Wechsel der inducirenden Ursache stattfindet, dass in dem inducirten Strom keine gleichförmige Strömung angenommen werden darf, wie z. B. bei den elektrischen Entladungen.

[3] Der Potentialwerth eines geschlossenen elektrischen Stromsystems in Bezug auf ein anderes geschlossenes Stromsystem

ist die negative halbe Summe der Producte der Bahnelemente des einen Systems mit den Bahnelementen des andern, jedes Product zweier Elemente mit ihren Intensitäten und dem Cosinus ihrer Neigung gegeneinander multiplicirt, und durch ihre gegenseitige Entfernung dividirt.

Es sei $D\sigma_{\prime}$ ein Element der inducirenden Strombahn $B_{\prime}$ in der Anfangsposition ihrer Elemente, $j_{\prime}$ die Stromstärke in $D\sigma_{\prime}$; es sei ferner $Ds_{\prime}$ ein Element des inducirten Leiterumgangs $A_{\prime}$ in seiner Anfangsposition und $(D\sigma_{\prime} \cdot Ds_{\prime})$ bezeichne die Neigung von $D\sigma_{\prime}$ gegen $Ds_{\prime}$, so wie $r_{\prime}$ die gegenseitige Entfernung dieser Elemente. Durch $Q(\sigma_{\prime} \cdot s_{\prime})$ werde der Potentialwerth des Stromes $B_{\prime}$ in Bezug auf den von der Stromeinheit durchströmten Umgang $A_{\prime}$ bezeichnet. Für die Endpositionen $B_{\prime\prime}$ und $A_{\prime\prime}$ sollen $j_{\prime\prime}$, $D\sigma_{\prime\prime}$, $Ds_{\prime\prime}$, $r_{\prime\prime}$ die entsprechende Bedeutung haben. Dann ist

$$Q(\sigma_{\prime} \cdot s_{\prime}) = -\tfrac{1}{2} S\Sigma j_{\prime} \frac{\cos(D\sigma_{\prime} \cdot Ds_{\prime})}{r_{\prime}} D\sigma_{\prime} Ds_{\prime}$$

$$Q(\sigma_{\prime\prime} \cdot s_{\prime\prime}) = -\tfrac{1}{2} S\Sigma j_{\prime\prime} \frac{\cos(D\sigma_{\prime\prime} \cdot Ds_{\prime\prime})}{r_{\prime\prime}} D\sigma_{\prime\prime} Ds_{\prime\prime}$$

worin die mit S und Σ bezeichneten Integrationen auf alle Elemente Ds des inducirten Leiterumganges und alle Elemente $D\sigma$ des inducirenden Stromsystems anszudehnen sind.

Die Summe der elektromotorischen Kräfte, welche, während die Strom- und Leiterelemente aus ihren Anfangszuständen in ihre Endzustände übergegangen sind, inducirt worden sind, ist nach dem vorstehenden Theorem

(1) $$\varepsilon \{ Q(\sigma_{\prime\prime} \cdot s_{\prime\prime}) - Q(\sigma_{\prime} \cdot s_{\prime}) \}$$

wofür ich auch schreibe

(2) $$-\tfrac{1}{2} \varepsilon S\Sigma \left[\frac{j \cos(D\sigma \cdot Ds)}{r} \right]_{\prime}^{\prime\prime} D\sigma Ds$$

worin die Klammer [ ]″, die Differenz der Werthe bezeichnen soll, welche die von ihr eingeschlossene Grösse in den Endpositionen der Strom- und Leiterelemente und in den Anfangspositionen besitzt. Diese Grenzpositionen werden durch die der Klammer oben und unten zugefügten Indices angedeutet.

[4] Aus dem vorstehenden Ausdruck für die inducirte elektromotorische Kraft kann man leicht einen ebenso allgemeinen Ausdruck für den in dem Leiterumgang A inducirten Strom

ableiten. Zu diesem Ende betrachten wir als Anfangs- und Endposition der Strom- und Leiterelemente zwei sehr wenig von einander verschiedene Positionen derselben, welche zur Zeit t und $t + \delta t$ stattfinden, wo δt das Zeitelement bezeichnet. Die während dieses Zeitelements inducirte elektromotorische Kraft ist nach (2)

$$-\tfrac{1}{2}\varepsilon\,\mathbf{S\Sigma}\left[\frac{j\cos(D\sigma\cdot Ds)}{r}\right]_t^{t+\delta t} Ds\,D\sigma$$

und dafür kann man schreiben

(3) $\qquad -\tfrac{1}{2}\,\varepsilon\,\delta t\,\dfrac{d.}{dt}\,\mathbf{S\Sigma}\dfrac{j\cos(Ds\cdot D\sigma)}{r}\,Ds\,D\sigma$

Das Product dieser elektromotorischen Kraft mit dem reciproken Leitungswiderstand ε' des inducirten Leiters giebt den zur Zeit t vorhandenen inducirten Differentialstrom D. Wird dieses Product zwischen $t = t_{,}$ und $t = t_{,,}$ integrirt, so erhält man den in dem Zeitraum $t_{,,} - t_{,}$ inducirten Integralstrom J. Man hat also:

(4) $\quad D = -\tfrac{1}{2}\,\varepsilon\varepsilon'\,\delta t\,\dfrac{d.}{dt}\,\mathbf{S\Sigma}\dfrac{j\cos(Ds\cdot D\sigma)}{r}\,Ds\,D\sigma$

(5) $\quad J = -\tfrac{1}{2}\,\varepsilon\int\delta t\,\varepsilon'\,\dfrac{d.}{dt}\,\mathbf{S\Sigma}\dfrac{j\cos(Ds\cdot D\sigma)\,Ds\,D\sigma}{r}.$

Wenn die Verrückungen der Elemente des Leiters keine merkliche Veränderung des Leitungwiderstandes des inducirten Stroms herbeiführen, also ε' constant ist, oder so angesehen werden kann, so hat der inducirte Integralstrom den Ausdruck:

(6) $\quad J_{,} = -\tfrac{1}{2}\,\varepsilon\varepsilon'\,\mathbf{S\Sigma}\left[\dfrac{j\cos(Ds\cdot D\sigma)}{r}\right]_{t_{,}}^{t_{,,}} Ds\,D\sigma$

und dieser verwandelt sich, wenn der inducirende Strom unverzweigt ist, in

(7) $\quad J_{,,} = -\tfrac{1}{2}\,\varepsilon\varepsilon'j\,\mathbf{S\Sigma}\left[\dfrac{\cos(Ds\cdot D\sigma)}{r}\right]_{t_{,}}^{t_{,,}} Ds\,D\sigma.$

[5] Die Ausdrücke der Stromstärken (4), (5), (6) und (7) setzen einen einfachen, d. h. unverzweigten inducirten Leiterumgang voraus. Ist der inducirte Leiter verzweigt, so müssen

die Stromstärken in den einzelnen Zweigen nach den Sätzen von *Kirchhoff* mittelst des Ausdrucks (3) bestimmt werden, welcher dann auf die einzelnen einfachen Umgänge, die aus den Zweigen gebildet werden können, angewandt werden muss, und die in ihnen während des Zeitelements entwickelte elektromotorische Kraft giebt.

Die Absicht der vorliegenden Abhandlung ist die Ableitung des eben ausgesprochenen Theorems über die inducirte elektromotorische Kraft aus dem in meiner früheren Abhandlung zu Grunde gelegten Inductionsgesetz. Ich habe dieselbe in fünf Paragraphen getheilt.

§ 1. behandelt die Inductionsfälle, in welchen die Leiterelemente unter dem Einfluss eines ruhenden constanten Stroms bewegt werden;

§ 2. behandelt die Fälle, in welchen in einem ruhenden Leiter durch die Bewegung von Stromelementen Ströme inducirt werden;

§ 3. behandelt die durch gleichzeitige Bewegung der Strom- und Leiterelemente erregten Inductionen;

§ 4. handelt von den durch Veränderungen der Stromstärken und gleichzeitige Bewegungen der Strom- und Leiterelemente inducirten Strömen;

§ 5. untersucht, inwieweit Uebereinstimmung stattfindet zwischen dem oben ausgesprochenen Theorem und den neuen Grundsätzen über die Wirkung bewegter Elektricität in der Ferne, welche *W. Weber* in seinen elektrodynamischen Maassbestimmungen *) gegeben hat.

§ 1.

In diesem Paragraphen soll der Ausdruck für die Intensität der Ströme entwickelt werden, welche in einem linearen geschlossenen Leiter inducirt werden, wenn die Elemente desselben unter dem Einfluss eines ruhenden constanten Stroms auf eine beliebige Weise aus einer Lage in eine andere geführt werden. Auf diesen Inductionsfall lässt sich unmittelbar derjenige zurückführen, [6] in welchem ausser den Leiterelementen auch die Stromelemente eine Bewegung besitzen, wenn diese von der Beschaffenheit ist, dass die gegenseitige Lage der Stromelemente

---

*) Elektrodynamische Maassbestimmungen von *W. Weber*. Leipzig 1846. Besonders abgedruckt a. d. Schriften d. Königl. Sächsischen Akademie.

dadurch nicht geändert wird. Man kann in diesem Falle dem Strom- und Leitersystem eine solche gemeinschaftliche Bewegung geben, dass der Strom ruht. Diese, beiden Systemen gemeinschaftliche Bewegung erregt keine Induction.

Es seien $D\sigma$ und Ds Elemente der inducirenden Stromcurve und inducirten Leitercurve; die Coordinaten dieser Elemente seien ξ, η, ζ und x, y, z, ihre gegenseitige Entfernung r, wo also

$$r^2 = (x - \xi)^2 + (y - \eta)^2 + (z - \zeta)^2.$$

Die Winkel, welche r mit Ds und $D\sigma$ macht, sollen mit ϑ und ϑ' bezeichnet werden, und der Winkel, unter welchen diese Elemente gegeneinander geneigt sind, sei η. Die Geschwindigkeit, mit welcher Ds fortgeführt wird, sei v, sein Weg o, dessen Element δo, so dass $v = \dfrac{\delta o}{\delta t}$, wo δt das Element der Zeit bezeichnet. Die Geschwindigkeit v ist eine Function von s und t.

Nach dem in meiner früheren Abhandlung aufgestellten Inductionsprincip ist die während δt in dem Element Ds durch den Strom, unter dessen Einfluss es bewegt wird, inducirte elektromotorische Kraft EDs ausgedrückt durch

(1) $\qquad EDs = -\varepsilon v C Ds \, \delta t$

worin CDs die nach δo zerlegte Wirkung bezeichnet, welche der Strom auf das Element Ds ausübt, dieses von der Stromeinheit durchströmt gedacht, und ε die Inductionsconstante ist.

Nach *Ampère's* Gesetz hat die Wirkung, welche das Stromelement $D\sigma$ auf Ds ausübt, die Richtung von r, und ihr Werth ist, wenn j die Stromstärke von $D\sigma$ bezeichnet:

$$-j \frac{Ds\, D\sigma}{r^2} \left\{ \cos \eta - \tfrac{3}{2} \cos \vartheta \cos \vartheta' \right\}.$$

Das negative Vorzeichen ist dieser Wirkung gegeben, weil sie die Entfernung der Elemente zu verkleinern strebt. Der vorstehende Ausdruck lässt sich, wie *Ampère* gezeigt hat, durch partielle Differentialquotienten von r nach s und σ ausdrücken, und verwandelt sich dadurch in:

$$j \frac{Ds\, D\sigma}{r^2} \left\{ r \frac{d^2 r}{ds\, d\sigma} - \tfrac{1}{2} \frac{dr}{ds} \frac{dr}{d\sigma} \right\}.$$

[7] Diese Grösse ist nun, um die Componente der Wirkung von $D\sigma$ auf Ds nach δo zu erhalten, mit dem Cosinus des Winkels

zu multipliciren, unter welchem δo gegen r geneigt ist, d. i.*) mit $\dfrac{dr}{do}$. Die Summe dieser Componenten in Beziehung auf alle $D\sigma$ giebt die in (1) mit CDs bezeichnete Grösse. Ich setze zunächst voraus, dass sowohl der inducirende Strom als der inducirte unverzweigt ist. Die Fälle, in welchen dieselben verzweigt sind, werde ich am Schlusse dieses Paragraphen berücksichtigen. In dem vorausgesetzten Falle hat j in jedem $D\sigma$ denselben Werth, und man hat also:

$$(2) \quad CDs = jDs \sum \frac{D\sigma}{r^2} \left\{ r \frac{d^2 r}{ds\,d\sigma} - \tfrac{1}{2} \frac{dr}{ds} \frac{dr}{d\sigma} \right\} \frac{dr}{do}.$$

Substituirt man diesen Werth von C in (1) und nimmt hierauf die Summe von EDs in Beziehung auf alle Ds, so erhält man die zur Zeit t während des Elements δt in dem ganzen Leiter s inducirte elektromotorische Kraft. Diese Summe mit dem reciproken Leitungswiderstand ε' des Leiters multiplicirt giebt, da der Leiter unverzweigt ist, den in ihm inducirten Differentialstrom D, und dieser, in Beziehung auf t von $t_{\prime}$ bis $t_{\prime\prime}$ integrirt, giebt den in dem Zeitintervall $t_{\prime\prime} - t_{\prime}$ inducirten Integralstrom J. Demnach ist also

$$(3) \quad J = - \varepsilon \int \delta t\, \varepsilon' j\, \mathbf{S} \sum \frac{D\sigma Ds}{r^2} \left\{ r \frac{d^2 r}{ds\,d\sigma} - \tfrac{1}{2} \frac{dr}{ds} \frac{dr}{d\sigma} \right\} \frac{dr}{do} v$$

oder

$$(4) \quad J = \int \delta t\, \varepsilon' j\, \frac{d}{dt} E$$

wenn**)

$$(5) \quad E = - \varepsilon \int \mathbf{S} \sum \delta t \frac{Ds D\sigma}{r^2} \left\{ r \frac{d^2 r}{ds\,d\sigma} - \tfrac{1}{2} \frac{dr}{ds} \frac{dr}{d\sigma} \right\} \frac{dr}{do} v$$

gesetzt wird. Ich bemerke, dass der Ausdruck von J in (3) oder (4) nur den durch die Verrückung der Leiterelemente inducirten Strom giebt, von welchem in diesem Paragraph überall nur die Rede ist. Es wird nämlich, wenn j eine Function der Zeit ist, ausser diesem noch ein Strom durch die Veränderung von j inducirt, von welchem später in § 4 die Rede sein wird. Wenn ε' und j unabhängig von der Zeit sind, so ist $J = \varepsilon \varepsilon' j E$; es ist E also die Summe der elektromotorischen Kraft, welche in

---

*) Die partiellen Differentiationen werden in dieser Abhandlung immer durch die Charakteristik d bezeichnet werden.
**) Offenbar ist E wesentlich verschieden von dem E in (1). *C. N.*

dem Zeitraum von $t_{,}$ bis [8] $t_{,,}$, wenn der inducirende Strom innerhalb desselben constant und der Einheit gleich ist, in dem ganzen Leiter inducirt wird. Die durch den constanten Strom von der Intensität j inducirte elektromotorische Kraft jE werde ich in der Folge durch F bezeichnen. Ich bemerke noch, dass, da in dem Zeitelement ∂t durch die Verrückung der Leiterelemente die elektromotorische Kraft $j\dfrac{dE}{dt}\partial t$ inducirt wird. j mag variabel oder constant sein, die in dem Zeitintervall von $t_{,}$ bis $t_{,,}$ inducirte elektromotorische Kraft allgemein ausgedrückt ist durch $\int_{t_{,}}^{t_{,,}} \partial t\, j\, \dfrac{dE}{dt}$. Die nähere Ermittelung der Grösse E, welche ich, so lange kein Missverständniss zu fürchten ist, schlechtweg die inducirte elektromotorische Kraft nennen werde, aus welcher, wie man sieht, durch einfache Differentiation und Integration sowohl die Summe der jedesmal wirklich inducirten elektromotorischen Kraft als der Differential- und Integralstrom abgeleitet werden können, ist die vorzüglichste Absicht des Folgenden.

Die durch Σ in (5) bezeichnete Integration ist auf alle $D\sigma$ der geschlossenen Bahn des inducirenden Stroms auszudehnen. Dasselbe gilt zwar von der durch S bezeichneten Integration in Beziehung auf die geschlossene Bahn des inducirten Stroms, aber diese zerfällt, wegen der Discontinuität der bewegten Stücke, in mehrere continuirliche Leiterstücke, deren Grenzen von der Zeit abhängen können. Die durch S bezeichnete Integration ist demnach ein Aggregat von Integralen, deren jedes sich auf ein continuirliches Leiterstück bezieht. Um diese Bemerkung deutlicher durchführen zu können, werde ich der allgemeinen Betrachtung die eines speciellen Falles vorangehen lassen. Ich werde zuerst den Fall betrachten, in welchem ein Theil der Bahn des inducirten Stroms ruht, und der andere, ein continuirliches Leiterstück bildend bewegt wird. Die Grenzen dieses bewegten Stücks sollen zunächst unabhängig von der Zeit sein, d. h. sie sollen durch dieselben Elemente während der ganzen Dauer der Bewegung gebildet werden. Um die Vorstellung zu fixiren, stelle Fig. 1 einen solchen Fall vor, wo $abcd$ die Bahn des inducirten Stroms zur Zeit t bezeichnet. Die Induction ist dadurch hervorgebracht, dass das Leiterstück bcd aus seiner anfänglichen Lage $b_{,}c_{,}d_{,}$ in die Lage $b_{,,}c_{,,}d_{,,}$ fortgeführt ist, und zwar so, dass dieselben Elemente b und d mit den Unterlagen $b_{,} b_{,,}$ und $d_{,} d_{,,}$ in leitender Verbindung geblieben sind, [9] wobei die Form des bewegten Stückes eine beliebige Veränderung erlitten haben kann. Die durch S bezeichnete Integration bezieht sich in diesem Falle allein auf das bewegte Stück bcd, weil für die übrigen Theile der Bahn des inducirten Stromes $v = 0$ ist.

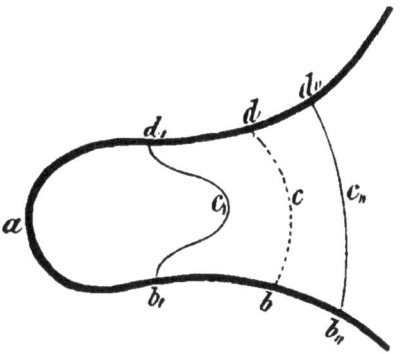

Fig. 1.

Ich setze in (5) statt r seinen Werth $\frac{do}{dt}$, wodurch

(6) $$E = -\varepsilon \int S \Sigma \frac{\partial o\, Ds\, D\sigma}{r^2} \left\{ r \frac{d^2 r}{ds\, d\sigma} - \tfrac{1}{2} \frac{dr}{ds} \frac{dr}{d\sigma} \right\} \frac{dr}{do}$$

wird, und integrire das erste Glied rechts partiell nach s. Dadurch verwandelt sich dieser Ausdruck in

(7) $$E = -\varepsilon \int \Sigma \partial o\, D\sigma \left[\frac{1}{r} \frac{dr}{do} \frac{dr}{d\sigma} \right]_{s_,}^{s_{,,}}$$
$$+ \varepsilon \int \Sigma S \frac{\partial o\, D\sigma\, Ds}{r^2} \left\{ r \frac{d^2 r}{do\, ds} - \tfrac{1}{2} \frac{dr}{do} \frac{dr}{ds} \right\} \frac{dr}{d\sigma},$$

worin $\left[\frac{1}{r} \frac{dr}{do} \frac{dr}{d\sigma} \right]_{s_,}^{s_{,,}}$ die Differenz der Werthe bezeichnet, welche die eingeschlossene Grösse in den Endpunkten des bewegten Leiterstückes, welche durch $s_{,,}$ und $s_,$ bezeichnet sind, d. i. nach der Figur in d und b besitzt.

Durch partielle Integration des Gliedes

$$\varepsilon \int \Sigma S \frac{do\, D\sigma\, Ds}{r} \frac{d^2 r}{do\, ds} \frac{dr}{d\sigma}$$

in der vorstehenden Gleichung nach o verwandelt sich dieselbe in

$$E = -\varepsilon \int \pmb{\Sigma} \delta o\, D\sigma \left[\frac{1}{r} \frac{dr}{do} \frac{dr}{d\sigma}\right]_{s_{\prime}}^{s_{\prime\prime}}$$

(8)
$$+ \varepsilon \pmb{\Sigma S}\, Ds\, D\sigma \left[\frac{1}{r} \frac{dr}{ds} \frac{dr}{d\sigma}\right]_{o_{\prime}}^{o_{\prime\prime}}$$

$$- \varepsilon \int \pmb{\Sigma S} \frac{\delta o\, D\sigma\, Ds}{r^2} \left\{r \frac{d^2 r}{do\, d\sigma} - \tfrac{1}{2} \frac{dr}{do} \frac{dr}{d\sigma}\right\} \frac{dr}{ds},$$

wo $\left[\dfrac{1}{r} \dfrac{dr}{ds} \dfrac{dr}{d\sigma}\right]_{o_{\prime}}^{o_{\prime\prime}}$ die Differenz der Werthe bezeichnet, welche die eingeschlossene Grösse in der End- und Anfangsposition des bewegten Leiterstücks [10] besitzt, d. i. in der Lage $b_{\prime\prime}, c_{\prime\prime}, d_{\prime\prime}$ und $b_{\prime}, c_{\prime}, d_{\prime}$. Es sind $o_{\prime\prime}$ und $o_{\prime}$ die Grenzen des Weges, welchen Ds beschrieben hat.

In diesem Ausdruck für E integrire ich endlich partiell nach σ das erste Glied unter dem dreifachen Integralzeichen

$$\varepsilon \int \pmb{\Sigma S} \frac{\delta o\, D\sigma\, Ds}{r} \frac{d^2 r}{do\, ds} \frac{dr}{ds}.$$

Ich lasse, behufs späteren Gebrauchs, die Grenzen dieser Integration zunächst unbestimmt, und bezeichne sie mit $\sigma_{\prime\prime}$ und $\sigma_{\prime}$. Die Gleichung (8) verwandelt sich dadurch in

$$\dot{E} = -\varepsilon \int \pmb{\Sigma} \delta o\, D\sigma \left[\frac{1}{r} \frac{dr}{do} \frac{dr}{d\sigma}\right]_{s_{\prime}}^{s_{\prime\prime}}$$

(9)
$$+ \varepsilon \pmb{\Sigma S}\, D\sigma\, Ds \left[\frac{1}{r} \frac{dr}{d\sigma} \frac{dr}{ds}\right]_{o_{\prime}}^{o_{\prime\prime}}$$

$$- \varepsilon \int \pmb{S}\, \delta o\, Ds \left[\frac{1}{r} \frac{dr}{do} \frac{dr}{ds}\right]_{\sigma_{\prime}}^{\sigma_{\prime\prime}}$$

$$+ \varepsilon \int \pmb{S\Sigma} \frac{\delta o\, Ds\, D\sigma}{r^2} \left\{r \frac{d^2 r}{ds\, d\sigma} - \tfrac{1}{2} \frac{dr}{ds} \frac{dr}{d\sigma}\right\} \frac{dr}{do},$$

worin die Bedeutung der Klammer mit den Indices $\sigma_{\prime\prime}$ und $\sigma_{\prime}$ schon aus dem Vorhergehenden klar ist.

Addirt man diesen Ausdruck für E zu demjenigen in (5), so verschwinden die Glieder, welche von dreifachen Integrationen abhängen, und man erhält den Werth von E durch sechs Doppelintegrale ausgedrückt:

(10)
$$E = -\tfrac{1}{2}\varepsilon \int \Sigma\, \delta o\, D\sigma \left[\frac{1}{r}\frac{dr}{do}\frac{dr}{d\sigma}\right]_{s_{,}}^{s_{,,}}$$
$$+\tfrac{1}{2}\varepsilon\, \Sigma S\, D\sigma\, Ds \left[\frac{1}{r}\frac{dr}{ds}\frac{dr}{d\sigma}\right]_{o_{,}}^{o_{,,}}$$
$$-\tfrac{1}{2}\varepsilon \int S\, \delta o\, Ds \left[\frac{1}{r}\frac{dr}{do}\frac{dr}{ds}\right]_{\sigma_{,}}^{\sigma_{,,}}.$$

[11] In dem vorliegenden Falle, wo die Integration nach σ auf die ganze, geschlossene Bahn des inducirenden Stroms ausdehnen werden muss, wo also $\sigma_{,,}$ und $\sigma_{,}$ zusammenfallen, verschwinden die beiden letzten Integrale, und man hat hier also

(11)
$$E = \tfrac{1}{2}\varepsilon\, S\Sigma\, Ds\, D\sigma \left[\frac{1}{r}\frac{dr}{ds}\frac{dr}{d\sigma}\right]_{o_{,}}^{o_{,,}}$$
$$-\tfrac{1}{2}\varepsilon \int \Sigma\, \delta o\, D\sigma \left[\frac{1}{r}\frac{dr}{do}\frac{dr}{d\sigma}\right]_{s_{,}}^{s_{,,}}.$$

Dieser Ausdruck für die elektromotorische Kraft E, welche durch die Fortführung des Leiterstückes aus der Lage $b_{,}\, c_{,}\, d_{,}$ in die Lage $b_{,,}\, c_{,,}\, d_{,,}$ erregt ist, zeigt, dass dieselbe von den Wegen, welche seine Theile beschrieben haben, unabhängig ist, und also unabhängig von den Formen, welche seine Curve während der Bewegung gehabt hat. Die elektromotorische Kraft E hängt allein von der Lage und Form des bewegten Leiterstückes in seiner Anfangs- und Endposition ab und von den zwei Curven, auf welchen seine Endpunkte fortgeführt sind. Nennen wir p die Peripherie des Curvenvierecks $b_{,}b_{,,}c_{,,}d_{,,}d_{,}c_{,}$, welches von dem bewegten Leiterstück in seiner Anfangs- und Endposition und den zwei Curven, welche seine Endpunkte beschrieben haben, gebildet wird, und Dp ein Element dieser Peripherie, so kann man statt (11) schreiben

$$(12) \qquad E = \tfrac{1}{2} \varepsilon \, \mathbf{S}\Sigma \frac{D\sigma \, Dp}{r} \frac{dr}{d\sigma} \frac{dr}{dp}$$

wo die Integrationen nach $D\sigma$ und Dp respective auf die ganze Bahn des inducirenden Stroms σ und die ganze Peripherie p des bezeichneten Curvenvierecks ausgedehnt werden müssen. Die Richtung, in welcher man bei der Integration nach Dp, als der positiven fortzuschreiten hat, ist die positive des bewegten Leiterstücks in seiner Endposition. Integrirt man das Integral in (12) partiell nach σ, nachdem man unter dem Integralzeichen statt $\frac{1}{r} \frac{dr}{dp}$ gesetzt hat, $\frac{1}{2r^2} \frac{dr^2}{dp}$, so erhält man

$$E = -\tfrac{1}{4} \varepsilon \, \mathbf{S} \, Dp \left[\frac{1}{r} \frac{dr^2}{dp} \right]_{\sigma_{\prime}}^{\sigma_{\prime\prime}} + \tfrac{1}{4} \varepsilon \, \mathbf{S}\Sigma \frac{1}{r} \frac{d^2 r^2}{d\sigma \, dp} D\sigma \, Dp$$

[12] und dieser Ausdruck reducirt sich, weil $\sigma_\prime$ und $\sigma_{\prime\prime}$ in der geschlossenen inducirenden Stromcurve zusammenfallen, auf

$$E = \tfrac{1}{4} \varepsilon \, \mathbf{S}\Sigma \frac{1}{r} \frac{d^2 r^2}{d\sigma \, dp} D\sigma \, Dp.$$

Aus $r^2 = (x-\xi)^2 + (y-\eta)^2 + (z-\zeta)^2$ erhält man

$$\frac{d^2 r^2}{d\sigma \, dp} = -2 \left(\frac{dx \, d\xi + dy \, d\eta + dz \, d\zeta}{d\sigma \, dp} \right)$$
$$= -2 \cos(D\sigma \cdot Dp)$$

wo $(D\sigma \cdot Dp)$ den Winkel bezeichnet, unter welchem die Elemente $D\sigma$ und Dp gegeneinander geneigt sind.

Substituirt man diesen Werth von $\frac{d^2 r^2}{d\sigma \, dp}$ in E, so wird sein Ausdruck:

$$(13) \qquad E = -\tfrac{1}{2} \varepsilon \, \mathbf{S}\Sigma \frac{D\sigma \, Dp}{r} \cos(D\sigma \cdot Dp).$$

Hieraus geht hervor, dass die durch die Fortführung des Leiterstücks inducirte elektromotorische Kraft E gleich ist dem mit ε multiplicirten Potential der inducirenden Stromcurve in Bezug auf das Curvenviereck, welches die von dem Leiter beschriebene Fläche begrenzt, die Stromcurve sowohl als dies Viereck von der Stromeinheit durchströmt gedacht, und zwar letzteres in der positiven Richtung des bewegten Leiterstücks in seiner Endposition.

Bei der Ableitung der Gleichungen (12) und (13) aus (11) ist das bewegte Leiterstück als ein unverzweigtes vorausgesetzt, d. h. von der Beschaffenheit, dass man von seinem einen Ende zu seinem andern nur auf einem Wege gelangen kann. Ohne diese Voraussetzung kann man nicht von einem Curvenviereck sprechen. Unter dieser Voraussetzung aber ist das Potential des inducirenden Stroms in Bezug auf das bezeichnete Curvenviereck die Differenz der Werthe, welche das Potential der Stromcurve in Bezug auf die ganze Bahncurve des inducirten Stroms in ihrer End- und Anfangsposition besitzt, diese Curven von der Stromeinheit durchströmt gedacht. Nennen wir $s_{\prime}$ die Bahn des inducirten Stroms in ihrer Anfangsposition, $s_{\prime\prime}$ in ihrer Endposition, und ς die Bahn des inducirenden Stroms, und bezeichnen wir durch $P(\varsigma, \cdot s_{\prime})$ und $P(\varsigma \cdot s_{\prime\prime})$ die Potentialwerthe von ς in Bezug auf $s_{\prime}$ und $s_{\prime\prime}$, so ist

(14) $$E = \varepsilon \{P(\varsigma \cdot s_{\prime\prime}) - P(\varsigma \cdot s_{\prime})\}.$$

[13] Die Formel (11) ist, wenn die Bedeutung der Grenzen $s_{\prime}$, $s_{\prime\prime}$, $o_{\prime}$, $o_{\prime\prime}$ gehörig berücksichtigt wird, der allgemeine Ausdruck für die elektromotorische Kraft, welche durch einen ruhenden Strom in einem bewegten Leiterstück inducirt wird. Aus ihr ergaben sich die Sätze, welche durch die Gleichungen (12), (13) und (14) ausgedrückt sind, unter der Annahme, dass das bewegte Stück in denselben Endelementen während seiner Bewegung mit dem ruhenden Theile der Bahn des inducirten Stroms in leitender Verbindung bleibe. Ich werde jetzt nachweisen, dass diese Sätze auch gelten, wenn nach und nach andere Elemente des bewegten Stücks mit dem ruhenden Theile des Leiters in leitende Verbindung treten.

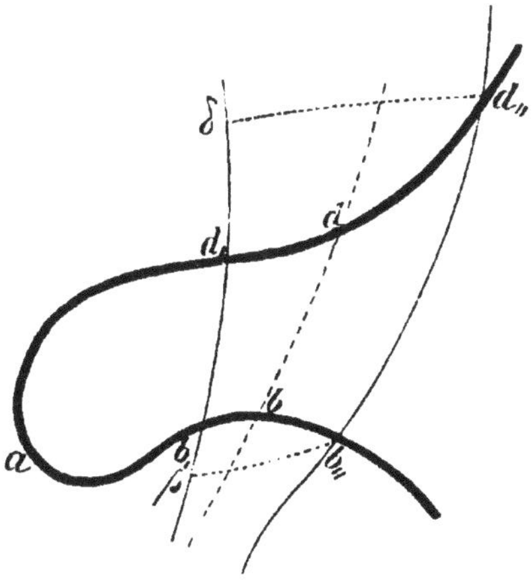

Es sei in Fig. 2, welche einen solchen Fall andeuten soll, $a\,b, d_{\prime}$ der inducirte Leiter in seiner Anfangsposition, und $a\,b_{\prime\prime}\,d_{\prime\prime}$ in seiner Endposition. Die Induction ist durch die Fortführung der Elemente des Leiterstücks bd aus der Lage $b_{\prime}d_{\prime}$ in die

Fig. 2.

Lage $b_{\prime\prime} d_{\prime\prime}$ erregt; bei dieser Fortführung des Stücks bd, wobei seine Form sich auf eine beliebige Weise verändern kann, sind nach und nach andere Elemente desselben mit den ruhenden Unterlagen $b, b_{\prime\prime}$ und $d, d_{\prime\prime}$ in leitende Berührung gebracht, so dass z. B. die Elemente in β und δ, welche im Anfang der Bewegung ausserhalb der Bahn des inducirten Stroms sich befanden, erst am Schlusse derselben eingetreten sind.

Bei der Anwendung des allgemeinen Ausdrucks für E in (5) oder in (6) auf diesen Fall ist zu bemerken, dass die Integration S, welche sich auf die bewegten Elemente Ds bezieht, zwischen den Grenzen b und d zu nehmen ist, welche jetzt Functionen der Zeit t sind, oder wenn o wiederum den Weg bezeichnet, auf welchem Ds fortgeführt wird, Functionen von o. Man kann die hieraus sich ergebende Reihenfolge der Integrationen nach Ds und δo vermeiden. Zu dem Ende ist für alle Elemente des bewegten Leiterstücks, welche sich von Anfang bis zum Ende ihrer Bewegung innerhalb der Schliessung des inducirten Stroms befinden, die Integration nach δt in (5) von $t_{\prime}$ bis $t_{\prime\prime}$ oder die Integration nach δo in (6) von $o_{\prime}$ bis $o_{\prime\prime}$ auszudehnen, wenn $t_{\prime}$, $t_{\prime\prime}$ und $o_{\prime}$ und $o_{\prime\prime}$ die Grenzen respective der Zeit und der Bahn ihrer ganzen Bewegung sind, für die Elemente Ds aber, welche sich nur auf einem Theile ihrer Bahn innerhalb der Schliessung des inducirten Stroms befinden, ist die Integration nach δo auf diesen Theil zu beschränken, und die Integration nach δt in (5) auf die Zeit, während welcher sie diesen Theil ihrer ganzen Bahn beschrieben haben.

[14] Der einfacheren Darstellung wegen will ich annehmen, ein solches Element Ds trete, nachdem es den Weg von $o_{\prime}$ bis q durchlaufen hat, in die Schliessung des inducirten Stroms ein, und bleibe nun bis zum Schlusse der Bewegung innerhalb derselben, beschreibe also innerhalb der Schliessung den Weg von q bis $o_{\prime\prime}$. Die Betrachtung eines solchen speciellen Falles ist hinreichend, um die zusammengesetzteren Fälle zu beurtheilen, wo das Element, ehe es das Ende seiner Bahn erreicht, aus der Schliessung wieder heraustritt, oder wo dieser Eintritt und Austritt sich wiederholt.

Mit Berücksichtigung der vorstehenden Bemerkung verwandelt sich der Ausdruck von E in (11) im vorliegenden Falle in

Inducirte elektrische Ströme. Abh. II. § 1.

$$E = \tfrac{1}{2}\varepsilon \mathsf{S}\Sigma D\sigma\, Ds \left[\frac{1}{r}\frac{dr}{ds}\frac{dr}{d\sigma}\right]_{o_{,}}^{o_{,,}}$$

(15)
$$+ \tfrac{1}{2}\varepsilon \mathsf{S}\Sigma D\sigma\, Ds \left[\frac{1}{r}\frac{dr}{ds}\frac{dr}{d\sigma}\right]_{q}^{o_{,,}}$$

$$- \tfrac{1}{2}\varepsilon \int \Sigma\, \partial o\, D\sigma \left[\frac{1}{r}\frac{dr}{do}\frac{dr}{d\sigma}\right]_{s_{,}}^{s_{,,}}.$$

Das erste Glied dieses Ausdrucks für E bezieht sich auf alle Elemente Ds, welche sich während der ganzen Dauer ihrer Bewegung innerhalb der Schliessung des inducirten Stroms befinden, das zweite umfasst diejenigen Elemente Ds, welche erst, nachdem sie den Weg von $o_{,}$ bis q durchlaufen haben, in diese Schliessung eintreten, und nun darin bleiben. In dem dritten Gliede bezeichnen $s_{,}$ und $s_{,,}$ die Stellen der Grenzelemente des bewegten Leiterstücks, welche, nachdem sie den Weg von $o_{,}$ bis q durchlaufen haben, in die Schliessung des inducirten Stroms eingetreten sind.

Nach der Bedeutung der Klammern $[\ ]_q^{o_{,,}}$ ist das zweite Glied in (15) gleichbedeutend mit

(16) $\tfrac{1}{2}\varepsilon \mathsf{S}\Sigma Ds\, D\sigma \left(\frac{1}{r}\frac{dr}{ds}\frac{dr}{d\sigma}\right)_{o_{,,}} - \tfrac{1}{2}\varepsilon \mathsf{S}\Sigma Ds\, D\sigma \left(\frac{1}{r}\frac{dr}{ds}\frac{dr}{d\sigma}\right)_{q},$

wo die den Parenthesen als Indices zugefügten Grössen $o_{,,}$ und q die Stellen [15] der Bahn von Ds bezeichnen, an welchen sich dieses Element bei den nach Ds auszuführenden Integrationen befinden soll. Der erste Theil dieses Ausdrucks kann mit dem ersten Gliede rechts in (15) zusammengefasst werden, so dass dann in diesem die Integration nach Ds ebenso auf alle Elemente des bewegten Leiterstücks, welche sich am Schlusse der Bewegung in der Schliessung befinden, auszudehnen ist, wie auf diejenigen, bei welchen dies im Anfang der Bewegung der Fall ist.

Der zweite Theil des vorstehenden Ausdrucks (16) bezieht sich auf die Endelemente von s, welche, nachdem sie den Weg $o_{,}$ bis q durchlaufen haben, in die Schliessung eintreten; auf dieselben Elemente beziehen sich die Integrationen S in dem dritten Gliede in (15). Zieht man das zweite Glied aus (16) mit dem dritten Gliede in (15) zusammen, so erhält man sowohl für die Elemente Ds in $s_{,\prime}$ als für die in $s_{,}$ einen Ausdruck von der Form

$$-\tfrac{1}{2}\varepsilon \Sigma D\sigma \left\{ \mathsf{S}\frac{Ds}{r}\frac{dr}{ds}\frac{dr}{d\sigma} + \int \frac{\delta o}{r}\frac{dr}{do}\frac{dr}{d\sigma}\right\},$$

worin man statt S das Zeichen $\int$ setzen kann. Dadurch verwandelt sich die Summe des dritten Gliedes in (15) und des zweiten in (16) in

$$-\tfrac{1}{2}\varepsilon \Sigma D\sigma \int \left[\frac{1}{r}\left(\frac{dr}{ds}Ds + \frac{dr}{do}\delta o\right)\frac{dr}{d\sigma}\right]_{s_{,}}^{s_{,\prime}}.$$

Die Entfernung r des Stromelements $D\sigma$ von den Elementen Ds, auf welche in diesem Ausdruck sich die Integration $\int$ bezieht, ist eine Function von s und o, sie kann aber auch als eine Function des Curvenbogens angesehen werden, welchen die Enden des bewegten Leiterstücks beschreiben. In Fig. 2 (Seite 15) sind dies die Bogen $b_{,}bb_{,\prime}$ und $d_{,}dd_{,\prime}$. Bezeichnen wir diese Curven, welche ich die **Leitcurven** nenne, durch l, und ihre Elemente durch δl, so ist

$$\frac{dr}{dl}\delta l = \frac{dr}{ds}Ds + \frac{dr}{do}\delta o.$$

Dies in den vorstehenden Ausdruck gesetzt verwandelt ihn in

$$\Sigma \int D\sigma\, \delta l \left[\frac{1}{r}\frac{dr}{d\sigma}\frac{dr}{dl}\right]_{s_{,}}^{s_{,\prime}}$$

und man erhält durch diese Betrachtung aus (15) für E den Ausdruck: [**16**]

(17)
$$\begin{aligned}E = \ &\tfrac{1}{2}\varepsilon\, \mathsf{S}\Sigma Ds\, D\sigma \left[\frac{1}{r}\frac{dr}{ds}\frac{dr}{d\sigma}\right]_{o_{,}}^{o_{,\prime}} \\ &-\tfrac{1}{2}\varepsilon \Sigma \int D\sigma\, \delta l \left[\frac{1}{r}\frac{dr}{d\sigma}\frac{dr}{dl}\right]_{s_{,}}^{s_{,\prime}}.\end{aligned}$$

Derselbe wird identisch mit demjenigen in (11), wenn von den Elementen des bewegten Leiterstücks keines während der Bewegung aus der Schliessung des inducirten Stroms heraustritt, und keines hinein, denn alsdann fallen die Leitcurven l mit den Bahnen o der Endelemente Ds des bewegten Stücks zusammen.

Bezeichnet man mit p wiederum die Peripherie des Curvenvierecks, welches von dem bewegten Leiterstück in seiner End- und Anfangsposition und den zwei Curven, welche seine variabeln Endelemente beschrieben haben, d. i. von seinen Leitcurven, begrenzt wird, und durch Dp ein Element dieser Peripherie, so ergiebt sich, wie oben der Ausdruck (12) aus (11), hier aus 17) der Ausdruck

$$(18) \quad E = \tfrac{1}{2} \varepsilon \, \Sigma S \, \frac{D\sigma \, Dp}{r} \frac{dr}{d\sigma} \frac{dr}{dp},$$

die Integrationen Σ und S ausgedehnt auf den ganzen inducirenden Strom und das ganze Curvenviereck. Die positive Richtung von Dp wird durch die positive Richtung des bewegten Stücks in seiner Endposition bestimmt.

Aus (18) ergiebt sich auf demselben Wege, auf welchem (13) aus (12) abgeleitet wurde,

$$(19) \quad E = -\tfrac{1}{2} \varepsilon \, S\Sigma \, \frac{D\sigma \, Dp}{r} \cos(D\sigma \cdot Dp)$$

die Integrationen gleichfalls auf die ganze Stromcurve und das ganze Viereck ausgedehnt. Das Glied dieser Gleichung rechts ist das mit ε multiplicirte Potential der Stromcurve in Bezug auf das Curvenviereck, welches von dem bewegten Leiterstück in seinen Grenzpositionen und seinen Leitcurven gebildet wird. Dies Potential ist, da das bewegte Stück als unverzweigt vorausgesetzt wird, der Unterschied der Potentialwerthe des inducirenden Stroms in Bezug auf die ganze Bahn des inducirten Stroms in ihrer End- und Anfangsposition. Bezeichnen wir diese wiederum durch $s_{//}$ und $s_{/}$, so erhalten wir, wie in (14), auch hier [17]

$$(20) \quad E = \varepsilon \{ P(\varsigma \cdot s_{//}) - P(\varsigma \cdot s_{/}) \},$$

wo $P(\varsigma \cdot s_{/})$ und $P(\varsigma \cdot s_{//})$ die Potentiale von ς in Bezug auf $s_{/}$ und $s_{//}$ sind. Den Beweis für die Richtigkeit dieser Gleichung auch in den Fällen, wo ein wiederholter Ein- und Austritt eines Theiles der bewegten Elemente aus der Bahn des inducirten Stroms stattfindet, hier noch besonders zu führen scheint, da dieselben Betrachtungen nur ein wenig zu verallgemeinern sind, überflüssig.

Nach Behandlung dieses speciellen Falles, wo die Elemente

eines zusammenhängenden Leiterstücks unter dem Einfluss eines inducirenden Stroms bewegt werden, während der übrige Theil der Bahn des inducirten Stroms ruht, wende ich mich zur allgemeinen Betrachtung des Werthes von E in (6). Aus (6) ist durch partielle Integration der Ausdruck für E in (11) abgeleitet; bei gehöriger Berücksichtigung der Grenzen, auf welche diese partiellen Integrationen zu beschränken sind, ist dieser Ausdruck für E in (11) ebenso allgemein als der in (6). Diese Grenzen werden auf eine doppelte Weise bestimmt, einmal durch die Stellen, wo die in (11) unter den Integralzeichen stehenden Grössen in Beziehung auf das Argument, nach welchem integrirt ist, sprungweise eine endliche Veränderung erleiden, und dann durch die Stellen, in welchen ein Element des Leiters in die Schliessung des inducirten Stroms eintritt und austritt.

Betrachten wir zuerst das zweite Glied des Ausdrucks für E in (11). Dasselbe ergab sich aus dem, wegen einer hinzuzufügenden Willkürlichen unbestimmten, durch partielle Integration nach Ds entstandenen Integral $\Sigma \int \dfrac{D\sigma\, \delta o}{r} \dfrac{dr}{d\sigma} \dfrac{dr}{do}$, indem dies auf das Intervall zwischen $s_{\prime}$ und $s_{\prime\prime}$ ausgedehnt wurde. Die nach Ds auszuführende Integration in (6) ist auf die ganze Bahn des inducirten Stroms auszudehnen, das Intervall von $s_{\prime}$ bis $s_{\prime\prime}$ muss aber auf die Theile derselben beschränkt werden, innerhalb deren die Grösse $\dfrac{1}{r} \dfrac{dr}{d\sigma} \dfrac{dr}{do} D\sigma\, \delta o$ keine sprungweise Veränderung erleidet. Hieraus geht hervor, dass das Integral $\Sigma \int \dfrac{D\sigma\, \delta o}{r} \dfrac{dr}{d\sigma} \dfrac{dr}{do}$ auf die ganze Bahn des inducirten Stroms auszudehnen ist, wenn $\dfrac{1}{r} \dfrac{dr}{d\sigma} \dfrac{dr}{do} D\sigma\, \delta o$ an keiner, oder nur an einer Stelle derselben einen Sprung erfährt, in welcher Stelle dann Anfang und Ende des Integrals liegen muss, dass aber, wenn die partielle Integration von (6) ein auf alle Fälle anwendbares Resultat geben soll, statt dieses Integrals [18] ein Aggregat solcher Integrale in dem Ausdruck von E in (11) statt seines zweiten Gliedes zu setzen ist, von denen jedes sich auf ein Intervall von s bezieht, welches von zwei aufeinander folgenden Stellen, in welchen $\dfrac{1}{r} \dfrac{dr}{d\sigma} \dfrac{dr}{do} D\sigma\, \delta o$ eine plötzliche Veränderung erleidet, begrenzt ist. Nun ist ersichtlich, dass $\dfrac{1}{r} \dfrac{dr}{d\sigma} D\sigma$ an keiner Stelle von s einen Sprung in seinem Werthe erfahren kann, da s die geschlossene Peripherie eines Vielecks ist, dass dies aber bei $\frac{dr}{do}\partial o$, wofür man $\frac{dr}{do}v\partial t$ setzen kann, der Fall ist. Diese Grösse erfährt einen solchen Sprung an den Stellen von s, in welchen zwei aufeinanderfolgende Elemente Ds einen endlichen Unterschied in der Richtung oder Grösse ihrer Geschwindigkeiten besitzen. Diese Stellen, in welchen die Elemente eines Drahtstücks über den Elementen eines andern Drahtstücks, der leitenden Verbindung wegen unter einem gewissen Druck fortgleiten, oder in welchen die Drahtenden in einer Quecksilberrinne fortgeführt werden, nenne ich, der Kürze wegen, die **Gleitstellen** des Leiters, und die Abschnitte desselben zwischen zwei aufeinanderfolgenden Gleitstellen **Leiterstücke**.

In dem ersten Gliede des Ausdrucks von E in (11), welches durch partielle Integration nach ∂o aus (6) abgeleitet wurde, ist die Ausdehnung dieser Integration nicht durch Sprünge der Grösse $\frac{1}{r}\frac{dr}{d\sigma}\frac{dr}{ds} Ds D\sigma$, da solche für keinen Werth von o stattfinden, beschränkt, sondern durch die Stellen des von Ds beschriebenen ganzen Weges, in welchen dies Element in die Bahn des inducirten Stroms eintritt und austritt. Dieser Eintritt und Austritt aus der inducirten Strombahn kann nur in den Gleitstellen stattfinden. Man muss also, die Elemente Ds, welche sich während ihrer ganzen Bewegung innerhalb der Schliessung des inducirten Stroms befinden, unterscheiden von den Elementen der Gleitstellen, bei welchen im Allgemeinen dies nur während eines Theils ihres beschriebenen Weges der Fall sein wird. Für die ersteren bleibt, wenn, wie oben, durch $o_{\prime}$ und $o_{\prime\prime}$ der Anfang und das Ende des von Ds beschriebenen Weges bezeichnet wird, das Glied $\frac{1}{2}\varepsilon \, \mathbf{S\Sigma}\, Ds\, D\sigma \left[\frac{1}{r}\frac{dr}{ds}\frac{dr}{d\sigma}\right]_{o_{\prime}}^{o_{\prime\prime}}$ unverändert, in Bezug auf die Elemente Ds der Gleitstellen aber hat man statt dessen, wenn $q_{\prime},\ q_{\prime\prime},\ q_{\prime\prime\prime},\ q_{\prime\prime\prime\prime}$ etc. die aufeinander folgenden Stellen des von diesen Elementen beschriebenen Weges bezeichnen, [19] in welchen sie in die inducirte Strombahn ein- und austreten, zu setzen:

$$\tfrac{1}{2}\varepsilon\, \mathbf{S\Sigma}\, Ds\, D\sigma \left[\frac{1}{r}\frac{dr}{ds}\frac{dr}{d\sigma}\right]_{q_{\prime}}^{q_{\prime\prime}} + \tfrac{1}{2}\varepsilon\, \mathbf{S\Sigma}\, Ds\, D\sigma \left[\frac{1}{r}\frac{dr}{ds}\frac{dr}{d\sigma}\right]_{q_{\prime\prime\prime}}^{q_{\prime\prime\prime\prime}} + \cdots$$

Aus diesen Bemerkungen ergiebt sich nun, dass man auf dem Wege der partiellen Integration, auf welchem (11) aus (6) abgeleitet worden ist, zu einem allgemein gültigen Ausdruck von E gelangt, wenn man diese partiellen Integrationen in Beziehung auf die einzelnen Leiterstücke und in Beziehung auf die Theile der von ihren Elementen beschriebenen Wege, in welchen diese Elemente innerhalb der Schliessung des inducirten Stroms sich befanden, ausführt, und dann die Summe dieser Integrale in Beziehung auf alle Leiterstücke, welche die inducirte Strombahn enthält, bildet. Es sei E_n der Theil von E, welcher sich auf das n^{te} Leiterstück bezieht, so ist

21)
$$E_n = \tfrac{1}{2}\varepsilon \Sigma S \, D\sigma \, Ds \left[\frac{1}{r}\frac{dr}{ds}\frac{dr}{d\sigma}\right]_{o_,}^{o_{,,}}$$
$$+ \tfrac{1}{2}\varepsilon \Sigma S \, D\sigma \, Ds \left[\frac{1}{r}\frac{dr}{ds}\frac{dr}{d\sigma}\right]_{q_,}^{q_{,,}} + \text{etc.}$$
$$- \tfrac{1}{2}\varepsilon \Sigma \!\int D\sigma \, \delta o \left[\frac{1}{r}\frac{dr}{d\sigma}\frac{dr}{do}\right]_{s_,}^{s_{,,}}$$

und

22)
$$E = E_1 + E_2 + \cdots E_z;$$

wenn z die Anzahl der Leiterstücke der Bahn des inducirten Stroms ist. Diese Gleichungen enthalten den allgemeinsten Ausdruck für die elektromotorische Kraft, welche von einem ruhenden Strom, dessen Stärke der Einheit gleich ist, in einem unverzweigten linearen Leiter, dessen Elemente beliebig verrückt werden, inducirt wird.

In Beziehung auf die Gleitstellen müssen die Fälle, in welchen die Unterlagen, auf welchen die Gleitung stattfindet, ruhen, unterschieden werden von den Fällen, wo diese Unterlagen selbst bewegt werden. Von den Leiterstücken, deren Enden auf ruhenden Unterlagen fortgleiten, befindet sich jedes unter solchen Umständen, die wir oben als specielle Fälle behandelt haben. Besteht also die inducirte Strombahn aus einer beliebigen Anzahl [20] von Leiterstücken, jedes derselben mit ruhenden Unterlagen, so folgt aus den vorstehenden Untersuchungen, dass die durch eine beliebige Veränderung der Lage und Form dieser Bahn inducirte elektromotorische Kraft, wenn diese Veränderung unter dem Einfluss eines constanten, inducirenden Stroms stattgefunden hat, gleich ist dem mit ε multiplicirten Unterschied des Potentials des inducirenden Stroms in Bezug auf die von der Einheit durchströmte inducirte Strombahn in ihrer End- und Anfangsposition.

Die Beurtheilung der Fälle, wo die Unterlagen in den Gleitstellen eine Bewegung haben, erfordert eine etwas weitläufige Darstellung, wenn sie aus (21) und (22) abgeleitet werden soll. Ich werde deshalb diese Fälle durch eine indirecte Betrachtung auf die ersteren, in welchen die Unterlagen ruhen, zurückführen. Es wird genügen, diese Betrachtung in dem speciellen Falle, wo nur eine Gleitstelle mit bewegter Unterlage vorhanden ist, durchzuführen, da sich dieselbe leicht auf die Fälle, wo eine beliebige Anzahl solcher vorhanden ist, ausdehnen lässt. Es sei in Fig. 3 die inducirte Strombahn $abcd$; sie zerfällt in drei Leiterstücke ab, bc, cda, von denen das letzte ein ruhendes ist; durch die gleichzeitige Fortführung der beiden anderen ab und bc, welche ich der Kürze wegen mit α und β bezeichnen will, aus ihren anfänglichen Lagen $\alpha_{,}$ und $\beta_{,}$ in ihre Endlagen $\alpha_{,,}$ und $\beta_{,,}$ wird die Induction erregt. Die Gleitstellen dieser Bahn sind a, b, c; und zwar ist b eine Gleitstelle mit bewegter Unterlage. Nach (5) erhält man die inducirte elektromotorische Kraft, wenn man das Integral

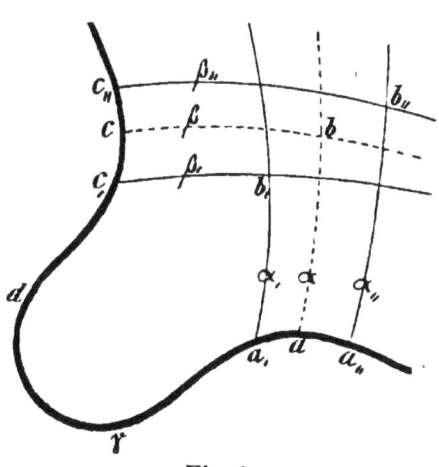

Fig. 3.

$$(23) \quad S\Sigma \frac{Ds\, D\sigma}{r^2}\left\{r\frac{d^2 r}{ds\, d\sigma} - \tfrac{1}{2}\frac{dr}{ds}\frac{dr}{d\sigma}\right\}\frac{dr}{do}v$$

mit $\varepsilon\, \delta t$ multiplicirt, und nach δt integrirt. Ich werde den Werth, welchen das vorstehende Doppelintegral zur Zeit $t_{,}$ in Bezug auf α besitzt, durch $A_{,}$ und in Bezug auf β durch $B_{,}$ bezeichnen; in Bezug auf das dritte Leiterstück ist, weil hier $v = 0$ ist, sein Werth gleich Null. Die Veränderungen, welche $A_{,}$ und $B_{,}$ erleiden, wenn $t_{,}$ um den Zeitraum t wächst, rühren von zwei von einander unabhängigen Ursachen her, einmal von den Ortsveränderungen, welche die Elemente von α erfahren, und dann von den Ortsveränderungen der Elemente von β. Bezeichnet man durch A und B die Werthe des vorstehenden Doppelintegrals zur Zeit $t_{\prime} + t$ in Bezug auf α und β, so ist, wenn t sehr klein ist, [21]

$$A = A_{\prime} + A_{\alpha} t + A_{\beta} t$$
$$B = B_{\prime} + B_{\alpha} t + B_{\beta} t,$$

wo $A_{\alpha} t$ den Theil des Zuwachses von $A_{\prime}$, welcher von der Ortsveränderung der Elemente von α herrührt, bezeichnet, und $A_{\beta} t$ den andern Theil, den die Verrückungen der Elemente von β hervorbringen. Die entsprechende Bedeutung besitzen B_{α} und B_{β}. Bildet man hieraus $\varepsilon \int_{0}^{\tau} \partial t\, A + \varepsilon \int_{0}^{\tau} \partial t\, B$, so erhält man die elektromotorische Kraft E, welche durch die gleichzeitige Verrückung von α und β, welche während des kleinen Zeitraums τ stattgefunden hat, inducirt worden ist, d. i.

(24) $\quad E = \varepsilon \tau \{ A_{\prime} + B_{\prime} + \tfrac{1}{2} (A_{\alpha} + A_{\beta} + B_{\alpha} + B_{\beta}) \tau \}.$

Es ist nun leicht nachzuweisen, dass eine gleiche elektromotorische Kraft inducirt wird, wenn dieselben kleinen Verschiebungen von α und β nicht gleichzeitig, sondern nach einander stattfinden. Es möge α auf dieselbe Weise wie vorher verschoben werden, während β ruht. Das Doppelintegral in (24) hat nur in Bezug auf α einen Werth, und dieser ist zur Zeit $t_{\prime} + t : A_{\prime} + A_{\alpha} t$; die durch die Verschiebung von α, wenn sie dieselbe Weite wie vorher erreicht hat, inducirte elektromotorische Kraft ist also

$$\varepsilon \tau \{ A_{\prime} + \tfrac{1}{2} A_{\alpha} \tau \}.$$

Jetzt werde β verschoben. Das Integral in (23) hat nun nur in Bezug auf β einen Werth, und dieser ist zur Zeit $t_{\prime} + \tau$, wo seine Verschiebung beginnt: $B_{\prime} + B_{\alpha} \tau$, und zur Zeit $t_{\prime} + \tau + t : B_{\prime} + B_{\alpha} \tau + B_{\beta} t$. Hieraus erhält man $\varepsilon \int_{0}^{\tau} B\, \partial t$ als die durch die Verschiebung von β inducirte elektromotorische Kraft, wenn diese Verschiebung so gross als sie vorher in der gleichzeitigen Verschiebung mit α war:

Inducirte elektrische Ströme. Abb. II. § 1.

$$\varepsilon\tau\{B_{\prime} + \tfrac{1}{2}(2B_\alpha + B_\beta)\tau\}.$$

Die Summe der durch die beiden aufeinander folgenden Verschiebungen von α und β inducirten elektromotorischen Kräfte ist also

$$\varepsilon\tau\{A_{\prime} + B_{\prime} + \tfrac{1}{2}(A_\alpha + 2B_\alpha + B_\beta)\tau\}.$$

Wäre die Reihenfolge der Verschiebungen umgekehrt gewesen, und zuerst [22] β und dann α um dieselben Stücke verschoben worden, so hätte als Summe der inducirten elektromotorischen Kräfte sich ergeben

$$\varepsilon\tau\{A_{\prime} + B_{\prime} + \tfrac{1}{2}(A_\alpha + 2A_\beta + B_\beta)\tau\}.$$

Nun ist es aber gleichgültig, welche von den beiden Verschiebungen zuerst stattfindet, es wird dieselbe elektromotorische Kraft erregt, weil diese in dem einen und dem anderen Falle gleich ist der mit ε multiplicirten Veränderung, welche das Potential des inducirenden Stroms in Bezug auf die inducirte von der Stromeinheit durchströmte Strombahn durch beide Verschiebungen erfährt. Hieraus folgt:

$$A_\beta = B_\alpha.$$

Dies in (24) gesetzt, zeigt, dass dieselbe elektromotorische Kraft inducirt wird, die kleinen Verschiebungen der beiden Leiterstücke mögen gleichzeitig oder aufeinander folgend stattfinden, und dass also dieselbe der Veränderung proportional ist, welche das Potential der inducirenden Strombahn in Bezug auf die inducirte dadurch erfährt. Da dies Resultat für alle kleinen Verschiebungen gilt, zu welcher Zeit sie stattfinden, so gilt es auch für beliebig grosse Verschiebungen. Dass dies Resultat auch richtig ist, wenn die inducirte Strombahn eine beliebige Anzahl Gleitstellen mit bewegten Unterlagen besitzt, ergiebt sich auf demselben Wege der Betrachtung, weshalb ich die weitere Ausführung unterlasse.

Aus der bisher geführten Untersuchung ergiebt sich, dass die Gleichung für E in (20) allgemeine Gültigkeit hat, wie gross auch die Anzahl der Gleitstellen in der inducirten Strombahn ist, die Unterlagen derselben mögen ruhen oder bewegt werden, sie setzt nur noch voraus, dass sowohl die inducirende als die inducirte Strombahn ohne Verzweigung sei. Aus dieser Gleichung folgt, wenn j die Intensität des inducirenden Stroms ist, und $F = jE$ die durch ihn inducirte elektromotorische Kraft, wenn ferner sein Potential in Bezug auf die von der Stromeinheit durchströmte inducirte Bahn durch $Q(\varsigma \cdot s_i') = jP(\varsigma \cdot s_i')$ bezeichnet wird, dass

(25) $\qquad F = \varepsilon \{Q(\varsigma \cdot s_{//}) - Q(\varsigma \cdot s_{/})\}.$

Diese Gleichung enthält folgenden Satz:

Wenn ein geschlossener unverzweigter linearer Leiter unter dem Einfluss eines ruhenden, constanten unverzweigten [23] elektrischen Stroms die Veränderung erlitten hat, dass ein Theil seiner Elemente oder sämmtliche aus ihrer ursprünglichen Lage in eine zweite auf beliebigen Wegen fortgeführt sind, wobei es gleichgültig ist, ob ein Theil dieser Elemente aus dem geschlossenen Umgang des Leiters herausgetreten ist, oder andere eingetreten sind, so ist die durch diese Veränderung inducirte elektromotorische Kraft gleich dem mit ε multiplicirten Unterschied der Potentialwerthe des inducirenden Stroms in Bezug auf den geschlossenen Umgang des Leiters in seinem End- und Anfangszustand, diesen Umgang von der Stromeinheit durchströmt gedacht.

Die bisher gemachte Voraussetzung, dass der Leiter dem inducirten Strome nur einen Weg seines Umganges biete, ist gleichgültig in Beziehung auf die Theile der Strombahn, welche keine Veränderung in Lage und Form erfahren; diese können auf eine beliebige Weise verzweigt sein, ohne dass der Ausdruck des vorstehenden Theorems dadurch eine Aenderung erfährt. Anders verhält es sich, wenn die Theile der inducirten Strombahn verzweigt sind, durch deren Verrückungen die elektromotorische Kraft erregt wird. Zunächst ist zu bemerken, dass es in diesem Falle nicht hinreichend ist, um die Stärke der inducirten Ströme zu bestimmen, die Summe der elektromotorischen Kräfte, welche in dem ganzen inducirten Leiter in einem bestimmten Zeitmoment erregt sind, zu kennen, sondern dass man diese Summe für jeden der geschlossenen Umgänge, welche die Zweige der Strombahn bilden, kennen muss. Nun erhält man aber die in jedem einzelnen Umgang inducirte elektromotorische Kraft, wenn man die Integrationen in (6) dieses Paragraphen auf ihn beschränkt, oder, was dasselbe ist, die Gleichungen in (21) und (22) auf diesen Umgang, als wäre er nur allein vorhanden, anwendet. Hieraus geht hervor, dass das vorstehende Theorem, dessen Ausdruck eine unverzweigte inducirte Strombahn voraussetzt, wenn diese verzweigt ist, für jeden ihrer geschlossenen Umgänge gilt.

Gehen wir jetzt zu dem Falle über, wo der inducirende constante Strom auf eine beliebige Weise verzweigt ist. Ein solcher verzweigter Strom kann als ein Aggregat von über einander gelagerten einfachen Stromumgängen angesehen werden. Ich bezeichne diese einfachen Stromumgänge [24] durch α, β, etc., ihre Stromstärken durch j_α, j_β, etc. Diese Stromstärken werden mittelst der Ohm'schen Gesetze aus den Leitungswiderständen des Stromsystems und der elektromotorischen Kraft der Erreger bestimmt. Nennt man die Grösse, welche oben in (1) und (2) mit C bezeichnet wurde, in Bezug auf die einfachen Umgänge α, β, etc., d. h. wenn die Integration Σ in (2) auf diese bezogen wird: C_α, C_β, etc. und behält für C die ursprüngliche Bedeutung, die nämlich, welche dieser Buchstabe in (1) hat, bei, so ist

$$C = C_\alpha + C_\beta + \cdots$$

Substituirt man diesen Werth in (1) und verfährt auf dieselbe Weise, wie man (4) erhalten hat, so wird

(26) $$J = \int \delta t\, \varepsilon' \left(j_\alpha \frac{d}{dt} E_\alpha + j_\beta \frac{d}{dt} E_\beta + \cdots \right),$$

wo E_α, E_β, etc. durch dasselbe Integral wie E in (5) ausgedrückt sind, in welchem aber jetzt sich die Integration Σ respective auf die Umgänge α, β, etc. bezieht. Es sind also einerseits $j_\alpha E_\alpha, j_\beta E_\beta$, etc. die durch die einzelnen Umgänge inducirten elektromotorischen Kräfte, wofür wir setzen respective F_α, F_β etc., andererseits ist ihre Summe, wie aus (26) erhellt, die von dem ganzen Strome inducirte elektromotorische Kraft, welche mit F bezeichnet wird, so dass

$$F = F_\alpha + F_\beta + \cdots$$

Setzt man hierin für F_α, F_β etc. ihre Werthe, so erhält man

(27) $$\begin{aligned} F = &\ \varepsilon j_\alpha \{P(\alpha \cdot s_{,\prime}) - P(\alpha \cdot s_{,})\} \\ &+ \varepsilon j_\beta \{P(\beta \cdot s_{,\prime}) - P(\beta \cdot s_{,})\} + \text{etc.,} \end{aligned}$$

worin $P(\alpha \cdot s)$ das Potential der Stromeinheit in dem Umgange α in Bezug auf die Stromeinheit in dem Umgange s bezeichnet. Die mit dem gemeinschaftlichen Factor ε multiplicirte Grösse ist die Differenz des Potentials des ganzen inducirenden, beliebig verzweigten Stroms in Bezug auf die Stromeinheit in dem inducirten Leiterumgang s in der End- und Anfangsposition seiner

Elemente. Nennen wir den ganzen inducirenden Strom wie oben ς, und bezeichnen das Potential von ς in Bezug auf die Stromeinheit in s durch $Q(\varsigma \cdot s)$, so kann die Gleichung (27) so geschrieben werden:

(28) $$F = \varepsilon \{Q(\varsigma \cdot s_{\prime\prime}) - Q(\varsigma \cdot s_{\prime})\}.$$

[25] Diese Gleichung zeigt, dass das oben aus (25) abgeleitete Theorem eben so gut gilt, der inducirende Strom mag einfach sein, oder auf eine beliebige Weise verzweigt.

Mit Rücksicht auf die vorstehende Gleichung verwandelt sich (26) in

(29) $$J = \varepsilon \int \delta t\, \varepsilon_{\prime} \frac{d.}{dt} Q(\varsigma \cdot s),$$

wenn man bei der Bildung des Differentialquotienten $\frac{d.}{dt} Q(\varsigma \cdot s)$ allein s als Function der Zeit betrachtet, und j_α, j_β, etc. als constant.

§ 2.

Es sollen in diesem Paragraphen die Ausdrücke für die elektromotorische Kraft entwickelt werden, welche in einem ruhenden linearen Leiter, der dem inducirten Strom einen geschlossenen Umgang darbietet, dadurch erregt wird, dass die Elemente eines inducirenden Stroms aus ihren ursprünglichen Lagen auf beliebigen Wegen in andere fortgeführt werden. Im Allgemeinen wirken in dieser Classe von Inductionen zwei an sich von einander unabhängige Ursachen gleichzeitig Strom erregend, einmal die Ortsveränderung der Stromelemente, und dann die durch diese Ortsveränderung hervorgebrachte Intensitätsveränderung des Inducenten. Es soll hier, wenn eine solche Intensitätsveränderung gleichzeitig stattfindet, nur der Theil der elektromotorischen Kraft bestimmt werden, welcher von der Ortsveränderung der Stromelemente herrührt; der durch die Intensitätsveränderung inducirte Antheil wird in § 4 in Betracht gezogen werden. Wenn ausser den Stromelementen auch der inducirte Leiter eine Bewegung hat, aber eine solche, wobei die relative Lage seiner Elemente unverändert bleibt, so kann beiden Systemen, dem Strom- und Leitersystem eine gemeinschaftliche Bewegung ertheilt werden, welche keine Induction erregt und den Erfolg hat, dass der Leiter an seinem Orte bleibt, wodurch dieser Fall auf den in diesem Paragraphen zu behandelnden zurückgeführt wird. Ich bezeichne wieder die Strom- und Leiterelemente respective durch $D\sigma$ und Ds, das Element des Weges aber, auf welchem $D\sigma$ fortgeführt wird, durch $\delta\omega$, so dass die Geschwindigkeit $v = \dfrac{d\omega}{dt}$ ist. Ich setze zunächst die Bahn sowohl des inducirenden als inducirten Stroms ohne Verzweigung [26] voraus. Das aus dieser Voraussetzung hervorgehende Resultat wird später auf die Fälle ausgedehnt werden, wo diese Bahnen verzweigt sind.

Die durch die Bewegung von $D\sigma$ während des Zeitelements δt in dem Leiter s inducirte elektromotorische Kraft $E D\sigma$ ist nach meiner früheren Abhandlung bestimmt durch die Gleichung:

(1) $$E D\sigma = -\varepsilon v \, \Gamma D\sigma \, \delta t,$$

wo $\Gamma D\sigma$ die nach der Richtung von $\delta\omega$ zerlegte Wirkung ist, welche die inducirte Strombahn, von der Stromeinheit durchströmt gedacht, auf $D\sigma$ ausübt.

Die Wirkung, welche Ds auf $D\sigma$ ausübt, ist dieselbe, welche $D\sigma$ auf Ds ausübt, nur der Richtung nach entgegengesetzt, und also, wenn j die Stromstärke in $D\sigma$ bezeichnet:

$$j \frac{Ds\, D\sigma}{r^2} \left\{ \cos\eta - \tfrac{3}{2} \cos\vartheta \cos\vartheta' \right\}$$

oder

$$-j \frac{Ds\, D\sigma}{r^2} \left\{ r \frac{d^2 r}{ds\, d\sigma} - \tfrac{1}{2} \frac{dr}{ds} \frac{dr}{d\sigma} \right\},$$

wo η, ϑ, ϑ' und r dieselbe Bedeutung haben, welche ihnen im Anfange des vorigen Paragraphen gegeben ist. Der vorstehende Ausdruck mit dem Cosinus der Neigung von r gegen $\delta\omega$, d. i. mit $-\dfrac{dr}{d\omega}$ multiplicirt, und nach Ds in Bezug auf die ganze inducirte Strombahn integrirt, giebt den Werth von $\Gamma D\sigma$, also

(2) $$\Gamma D\sigma = j D\sigma \int \frac{Ds}{r^2} \left\{ r \frac{d^2 r}{ds\, d\sigma} - \tfrac{1}{2} \frac{dr}{ds} \frac{dr}{d\sigma} \right\} \frac{dr}{d\omega}.$$

Nimmt man von (1) das Integral nach $D\sigma$, und dehnt dieses auf die ganze inducirende Strombahn aus, so erhält man die durch den Strom in dem Leiter zur Zeit t während δt inducirte elektromotorische Kraft. Dieses Integral giebt den inducirten Differentialstrom, wenn es mit dessen reciprokem Leitungswiderstand ε' multiplicirt wird; der Differentialstrom, nach ∂t zwischen $t_{,}$ und $t_{,,}$ integrirt, giebt den in diesem Zeitintervall inducirten Integralstrom J. Man hat also, da ε' unabhängig von t ist, und j, weil der Strom unverzweigt angenommen wird, unabhängig von σ: [27]

(3) $$J = \varepsilon' \int \partial t \, j \, \frac{dE}{dt}$$

worin

(4) $$E = -\varepsilon \int \Sigma S \, \partial t \, \frac{Ds\, D\sigma}{r^2} \left\{ r \frac{d^2 r}{ds\, d\sigma} - \tfrac{1}{2} \frac{dr}{ds} \frac{dr}{d\sigma} \right\} \frac{dr}{d\omega} v.$$

Die Grösse E ist die Summe der in dem ganzen Leiterumgang während des Zeitraums von $t_{,}$ bis $t_{,,}$ inducirten elektromotorischen Kraft, wenn die inducirende Stromstärke innerhalb dieses Zeitraums constant und gleich der Einheit ist; diese Summe ist jE, wenn j die constante Stromstärke ist, und wird $\int_{t_{,}}^{t_{,,}} \partial t \, j \cdot \frac{d \cdot E}{dt}$, wenn die Stromstärke j variabel ist. Die Grössen jE und $\int \partial t \, j \, \frac{dE}{dt}$ werde ich im Folgenden durch F bezeichnen. Statt (4) kann man schreiben, weil $v = \frac{d\omega}{dt}$ ist:

(5) $$E = -\varepsilon \int S \Sigma \frac{\partial \omega\, Ds\, D\sigma}{r^2} \left\{ r \frac{d^2 r}{ds\, d\sigma} - \tfrac{1}{2} \frac{dr}{ds} \frac{dr}{d\sigma} \right\} \frac{dr}{d\omega}.$$

Dies dreifache Integral, wodurch E bestimmt wird, unterscheidet sich von demjenigen in (6) des vorigen Paragraphen nur darin, dass hier $\partial \omega$ eine Function von ς ist, während dort ∂o eine Function von s war. Da aber zwischen dem bewegten ς hier und dem im § 1 bewegten s kein weiterer Unterschied vorhanden ist, so kann man die Discussion des Integrals (6) § 1 unmittelbar auf das vorliegende anwenden, und erhält, mut. mut. dies Theorem:

Wenn ein constanter, unverzweigter elektrischer Strom die Veränderung erlitten hat, dass ein Theil seiner Elemente, oder sämmtliche aus ihrer ursprünglichen Lage in eine zweite auf beliebigen Wegen fortgeführt sind, gleichgültig, ob ein Theil dieser Elemente aus der Strombahn ausgetreten ist, oder andere eingetreten, so ist die durch diese Ortsveränderung der Elemente in einem in der Nähe des Stroms ruhenden einfachen Leiterumgang inducirte elektromotorische Kraft gleich dem mit ε multiplicirten Unterschied der Potentialwerthe des inducirten Leiterumganges, ihn von der Stromeinheit durchströmt gedacht, in Bezug auf den constanten inducirenden Strom in der End- und Anfangsposition seiner Elemente.

[28] Bezeichnen wir durch $\varsigma_{\prime\prime}$ und $\varsigma_{\prime}$ die inducirende Strombahn in der End- und Anfangsposition ihrer Elemente, durch s die inducirte, und durch $P(\varsigma_{\prime\prime} \cdot s)$ und $P(\varsigma_{\prime} \cdot s)$ die Potentiale der Stromeinheiten in $\varsigma_{\prime\prime}$ und $\varsigma_{\prime}$ in Bezug auf die Stromeinheit in s, nennen endlich j die constante Intensität des inducirenden Stroms, und F die durch ihn inducirte elektromotorische Kraft, so ist

(6) $$F = \varepsilon j \{P(\varsigma_{\prime\prime} \cdot s) - P(\varsigma_{\prime} \cdot s)\}.$$

Wenn der inducirte Leiter Verzweigungen besitzt, so gilt dieses Theorem für jeden einfachen Umgang, welcher aus seinen Zweigen gebildet werden kann, und giebt also die in den einzelnen Umgängen erregten elektromotorischen Kräfte, deren Kenntniss erforderlich und hinreichend ist, um die Stromstärke in jedem Zweige des inducirten Leiters zu bestimmen.

Das vorstehende Theorem gilt auch für beliebig verzweigte inducirende Ströme, unter der Bedingung, dass die Stromstärke in jedem der geschlossenen Umgänge, welche aus den Stromzweigen gebildet werden können, durch die Verrückung der Stromelemente keine Veränderung erleidet. Der verzweigte Strom ist nämlich als ein Aggregat von einfachen Stromumgängen anzusehen; einer derselben werde durch ν bezeichnet, und zwar durch $\nu_{\prime}$ und $\nu_{\prime\prime}$ in der Anfangs- und Endposition seiner Elemente; j_ν sei seine constante Stromstärke, und F_ν die durch ihn in dem ruhenden Leiterumgang s inducirte elektromotorische Kraft. Bezeichnen wir wieder durch $P(\nu \cdot s)$ das Potential der Stromeinheit in ν in Bezug auf die Stromeinheit in s, so ist

$$F_\nu = \varepsilon j_\nu \{P(\nu_{\prime\prime} \cdot s) - P(\nu_{\prime} \cdot s)\}.$$

Die elektromotorische Kraft, welche durch den ganzen inducirenden Strom erregt wird, ist die Summe der Kräfte, welche durch seine einzelnen componirenden Umgänge inducirt werden, bezeichnen wir sie mit F, so ist

(7) $$F = \varepsilon \, \mathfrak{S} \cdot j_\nu \, \{P(\nu_{\prime\prime} \cdot s) - P(\nu_{\prime} \cdot s)\},$$

wo durch $\mathfrak{S}$ eine Summe bezeichnet wird, die auf alle einfache Umgänge, welche den gegebenen Strom zusammensetzen, auszudehnen ist. Diese Summe ist aber die Potentialdifferenz der Stromeinheit in dem Leiterumgang s in Bezug auf den ganzen inducirenden Strom in der End- und Anfangsposition seiner Elemente. Nennen wir ς den inducirenden, beliebig [29] verzweigten Strom und $Q\,(\mathrm{s}\cdot\varsigma)$ sein Potential in Bezug auf die Stromeinheit in s, so kann die vorstehende Gleichung so geschrieben werden:

(8) $$F = \varepsilon \, \{Q(\varsigma_{\prime\prime} \cdot \mathrm{s}) - Q(\varsigma_{\prime} \cdot \mathrm{s})\}.$$

Die Bedingung der Unveränderlichkeit der Stromstärke in jedem der einfachen Umgänge der verzweigten inducirenden Strombahn erfüllt sich bei constanten Stromerregern von selbst, wenn die Bahn keine Gleitstellen besitzt, weil dann der Stromwiderstand und seine Vertheilung in den Zweigen unverändert bleibt. Diese Bedingung kann aber auch bei besonderen Anordnungen, wenn Gleitstellen vorhanden sind, erreicht werden.

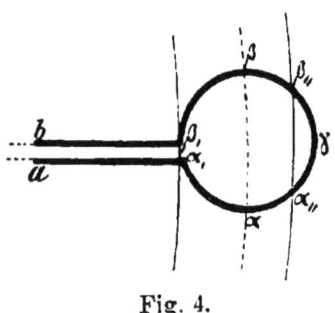

Fig. 4.

In Fig. 4 tritt der inducirende Strom in a ein, theilt sich in α in zwei Zweige $\alpha\beta$ und $\alpha\gamma\beta$, die sich in β wieder vereinigen, und tritt bei b aus. Die Stromtheilungsstellen α und β sind zugleich Gleitstellen. Die Fortführung des Zweiges $\alpha\beta$ aus seiner Anfangslage $\alpha_\prime\beta_\prime$ in die Endlage $\alpha_{\prime\prime}\beta_{\prime\prime}$ erregt nämlich in einem in der Nähe befindlichen Leiterumgang die Induction. Der verzweigte Strom lässt sich auf verschiedene Weise in zwei einfache Umgänge zerlegen, ich zerlege ihn in die Umgänge $a\alpha\beta b$ und $\alpha\gamma\beta$, welche ich durch α und γ der Kürze wegen bezeichne; die Stromstärken in ihnen seien j_α und j_γ. Nennt man u den Leitungswiderstand im Zweige $\alpha\beta$, und w den im Zweige $\alpha\gamma\beta$, und setzt $u = \lambda w$, so ist $j_\gamma = \dfrac{\lambda}{1+\lambda} j_\alpha$. Nun kann man leicht Anordnungen treffen, dass, an welcher Stelle seines Weges sich auch der bewegte Zweig $\alpha\beta$ befinde, sowohl j_α als λ denselben Werth behält. Diese Anordnungen vorausgesetzt, erhält man für die durch die Verschiebung von $\alpha\beta$ in einem Leiterumgange s inducirte elektromotorische Kraft F den Ausdruck:

(9) $$F = \varepsilon j_\alpha \{P(\alpha_{//} \cdot s) - P(\alpha_{/} \cdot s)\} \\ + \varepsilon j_\gamma \{P(\gamma_{//} \cdot s) - P(\gamma_{/} \cdot s)\}.$$

Dieser Ausdruck reducirt sich übrigens, wie man leicht sieht, wenn durch π die Peripherie $\alpha_{/} \alpha_{//} \beta_{//} \beta_{/}$ der vom bewegten Zweige beschriebenen Fläche bezeichnet wird, auf folgenden:

$$F = \varepsilon (j_\alpha - j_\gamma) P(\pi \cdot s),$$

dessen Richtigkeit aus der Bemerkung erhellt, dass nach unserer Zerlegung des Inducenten in einfache Umgänge $j_\alpha - j_\gamma$ die constante Stromstärke des bewegten Zweiges $\alpha\beta$ bezeichnet.

[30] Im Allgemeinen treten bei inducirenden Strömen mit Gleitstellen, gleichzeitig mit der Verrückung ihrer Elemente, Intensitätsveränderungen ein, diese treten nur dann nicht ein, wenn die Veränderungen der Leitungswiderstände und ihrer Vertheilung, welche durch die Verschiebungen der Bahnstücke hervorgebracht werden, sich gegenseitig compensiren. Bahnstück nenne ich jeden zwischen zwei aufeinander folgenden Gleitstellen liegenden Theil der Strombahn. Es sei der inducirende Strom unverzweigt, und seine Intensität j, welche er zur Zeit t besitzt, verändere sich, in Folge der Fortführung seiner Bahnstücke, in dem Zeitintervall von $t_{/}$ bis $t_{//}$ aus $j_{/}$ in $j_{//}$. Wäre die Intensität j während der Zeit von $t_{/}$ bis t constant gewesen, so würde in diesem Zeitraum eine elektromotorische Kraft inducirt sein vom Werthe

$$\varepsilon j \{P(\varsigma \cdot s) - P(\varsigma_{/} \cdot s)\}.$$

Die Intensität j ist aber nur zur Zeit t vorhanden gewesen, da ihr Werth zur Zeit $t + \delta t$ schon $j + \dfrac{dj}{dt} \delta t$ war. Man kann aber j während δt als constant ansehen, da der Zuwachs unendlich klein ist, und erhält dann für die während δt inducirte elektromotorische Kraft

$$\varepsilon j \, \delta t \, \frac{d \cdot}{dt} P(\varsigma \cdot s).$$

Nimmt man hiervon das Integral nach δt zwischen $t_{/}$ und $t_{//}$, so erhält man die durch die Verschiebung der Stromelemente in dem Zeitraum von $t_{/}$ bis $t_{//}$ inducirte elektromotorische Kraft F, nämlich:

(10) $$F = \varepsilon \int_{t_{,}}^{t_{,,}} \delta t j \frac{d \cdot}{dt} P(\varsigma \cdot \mathfrak{s}).$$

Diese Gleichung erhellt übrigens unmittelbar aus (3), wenn berücksichtigt wird, dass $\frac{dE}{dt} = \varepsilon \frac{d \cdot P(\varsigma \cdot \mathfrak{s})}{dt}$ ist. Die hier eben angestellte Betrachtung findet, wenn der inducirende Strom verzweigt ist, auf jeden seiner einfachen Umgänge Anwendung. Daher verwandelt sich für den in Fig. 4 (Seite 32) dargestellten Fall die Formel (9), wenn j_α und j_γ während der Verschiebung der Elemente von $\alpha\beta$ variabel sind, in

(11) $$F = \varepsilon \int \delta t j_\alpha \frac{d \cdot}{dt} P(\alpha \cdot \mathfrak{s}) + \varepsilon \int \delta t j_\gamma \frac{d \cdot}{dt} P(\gamma \cdot \mathfrak{s}),$$

[31] und der allgemeine Ausdruck in (7) für die durch die Verschiebung der Elemente eines beliebig verzweigten Stroms in einem Leiterumgang inducirte elektromotorische Kraft, wird bei variabler Stromstärke:

(12) $$F = \varepsilon \mathfrak{S} \int \delta t j_\nu \frac{d \cdot}{dt} P(\nu \cdot \mathfrak{s}),$$

wo die Summe $\mathfrak{S}$ alle einfachen Umgänge, welche den gegebenen Strom zusammensetzen, umfasst.

Die Gleichungen (10), (11), (12) zeigen, dass bei variabler Stromstärke die durch die Verschiebung der Stromelemente inducirte elektromotorische Kraft nicht ihr Maass in dem dadurch hervorgebrachten Zuwachs des Potentialwerthes des inducirenden Stroms in Bezug auf den von der Stromeinheit durchströmten Leiterumgang hat, wir werden aber im Folgenden sehen, dass dies wieder der Fall ist, wenn der durch die gleichzeitige Intensitätsveränderung inducirte Antheil der elektromotorischen Kraft berücksichtigt wird.

§ 3.

In meiner früheren Abhandlung über die inducirten Ströme wurden drei Classen von Inductionsfällen unterschieden, nämlich zuerst Inductionen durch geschlossene Ströme in geschlossenen Leitern, und dann Inductionen durch geschlossene Ströme in ungeschlossenen Leitern, oder durch ungeschlossene Ströme in geschlossenen Leitern, und endlich Indnctionen durch ungeschlossene Ströme in ungeschlossenen Leitern. Ich bemerke, dass bei dieser Eintheilung immer die Bahnen, sowohl der inducirenden als inducirten Ströme, oder deren bewegten Theile als feste Systeme vorausgesetzt wurden. Die Vorstellung, welche mit der zweiten und dritten Classe verbunden wurde, bedarf noch einer kurzen Erklärung. Man denke sich einen Theil der inducirten Strombahn, den ich a nennen will, während der andere durch b bezeichnet werden möge, durch Isolatoren mit einem Theile α der inducirenden Strombahn verbunden, der andere Theil dieser Bahn soll β heissen. Die verbundenen Theile a und α werden bewegt, während die Theile b und β ruhen. Hier findet eine Induction durch die Bewegung des ungeschlossenen Stromstücks α in dem ungeschlossenen Leiterstück b statt. Diese Induction ist ein Fall der dritten Classe. Ebenso gehört die [32] Induction, welche in dem ungeschlossenen Leiterstück a, das sich unter dem Einfluss des ungeschlossenen Stromstücks β bewegt, erregt wird, in die dritte Classe. Umfasste a die ganze inducirte Strombahn, und wäre also $b = 0$, so würde in dem geschlossenen Leiter a die Induction durch das ungeschlossene Stromstück β erregt; dieser Fall gehörte in die zweite Classe; dasselbe würde der Fall sein, wenn α den ganzen inducirenden Strom umfasste und $\beta = 0$ wäre.

Diese Eintheilung ist nach dem Standpunkt der vorliegenden Betrachtung nicht erschöpfend, sie ist aber auch an sich unzweckmässig. Die Trennung, um in der eben gebrauchten Bezeichnung weiter mich auszudrücken, der Induction, welche in b durch α erregt wird, von derjenigen, die in a durch β hervorgebracht wird, statt die Untersuchung zu erleichtern, erschwert dieselbe; beide Inductionen, wie sie gleichzeitig in der Wirklichkeit vorhanden sind, müssen auch gleichzeitig in Betracht gezogen werden. In der gegenwärtigen Abhandlung muss mit der Voraussetzung, dass die Strombahnen oder ihre bewegten Theile wie starre feste Curven bewegt werden, zugleich die Eintheilung in geschlossene und ungeschlossene Bahnen aufgegeben werden. Wir können hier nur so theilen: entweder findet die Induction durch einen ruhenden Strom in einem geschlossenen Leiter statt, dessen Elemente eine Ortsveränderung erfahren, oder in einem ruhenden Leiter durch einen Strom, dessen Elemente beliebig verschoben werden, oder endlich die Induction wird durch eine gleichzeitige Verschiebung der Leiter- und Stromelemente erregt. Die Bewegung der Elemente ist in allen drei Fällen so weit unbeschränkt, dass durch dieselbe die leitende Verbindung in den Strombahnen nicht aufgehoben wird. Die beiden ersten Fälle sind in den beiden vorhergehenden Paragraphen behandelt, der dritte soll der Gegenstand des gegenwärtigen sein. Zu ihm gehört, als ein ganz specieller Fall, der, welcher eben als eine Induction eines ungeschlossenen Leiterstücks durch ein ungeschlossenes Stromstück bezeichnet wurde. Das Specielle dieses Falles besteht darin, dass die Bewegung der Elemente in α und a von der Art ist, als gehörten diese Elemente einem festen Körper an.

Ich werde, um der Vorstellung ein bestimmteres Bild zu geben, die Untersuchung mit der Betrachtung eines besonderen, hierher gehörigen Falles beginnen, und dann zeigen, wie sich diese verallgemeinern lässt. Der inducirende Strom sei unverzweigt, und bestehe aus zwei Bahnstücken, welche [33] in Fig. 5 durch α und β bezeichnet sind. α soll ruhen, die Elemente

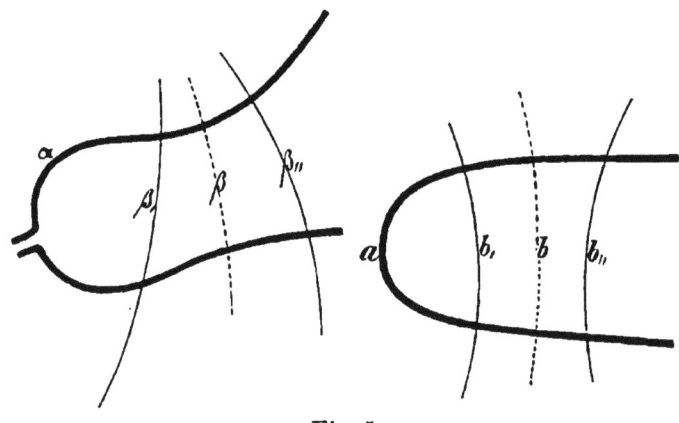

Fig. 5.

von β aber werden auf beliebigen Wegen aus der Position $\beta_{,}$ in die Position $\beta_{,,}$ fortgeführt. Gleichzeitig mit dieser Fortführung geschieht in dem inducirten Leiterumgang, der gleichfalls aus zwei Leiterstücken, mit a und b in der Figur bezeichnet, besteht, die Verschiebung der Elemente von b, so dass sie in derselben Zeit aus der Position in $b_{,}$ in die von $b_{,,}$ gelangen. Es soll die durch diese gleichzeitigen im Uebrigen von einander unabhängigen Verrückungen der Elemente in β und in b, in dem Leiterumgang $a + b$ inducirte elektromotorische Kraft bestimmt werden.

Ich bezeichne ein Element des ruhenden Bahnstücks α durch

$D\alpha$, des ruhenden Leiterstücks a durch Da, und die Elemente der beweglichen Stücke β und b durch $D\beta$ und Db. Den ganzen Stromumgang $\alpha + \beta$ werde ich durch ς, und ein Element desselben, wenn nicht unterschieden werden soll, ob es zu α oder β gehöre durch $D\sigma$ bezeichnen. Ebenso nenne ich den ganzen Leiterumgang $a + b$ oder s, und ein Element desselben ohne Unterschied, ob es zu a oder b gehört, Ds. Der Strom in σ habe die constante Intensität j. Die Wege, auf welchen $D\alpha$ und Da fortgeführt werden, seien $\delta\omega$ und δo, die Geschwindigkeiten dieser Elemente also $\dfrac{d\omega}{dt}$ und $\dfrac{do}{dt}$. Das Zeitintervall, während dessen die gleichzeitigen Verrückungen stattfinden, liege zwischen $t_{\prime}$ und $t_{\prime\prime}$.

Die während δt in dem Leiterumgang s inducirte elektromotorische Kraft ist, wenn C und Γ in dem Sinne genommen werden, welcher für diese Buchstaben im Anfange des § 1 und § 2 festgesetzt wurde,

$$- \varepsilon \delta t \, \mathrm{S} \, C \frac{do}{dt} Ds - \varepsilon \delta t \, \Sigma \Gamma \frac{d\omega}{dt} D\sigma.$$

Nimmt man hiervon das Integral nach δt zwischen $t_\prime$ und $t_{\prime\prime}$, um die in diesem Zeitintervall inducirte elektromotorische Kraft zu erhalten, bezeichnet diese mit F, macht $F = jE$, und setzt für C und Γ ihre Werthe aus (2) § 1 und (2) § 2, so wird

(1)
$$E = - \varepsilon \int \delta t \, \Sigma \mathrm{S} \, \frac{Db \, D\sigma}{r^2} \left\{ r \frac{d^2 r}{db \, d\sigma} - \tfrac{1}{2} \frac{dr}{db} \frac{dr}{d\sigma} \right\} \frac{dr}{do} \frac{do}{dt}$$
$$- \varepsilon \int \delta t \, \Sigma \mathrm{S} \, \frac{D\beta \, Ds}{r^2} \left\{ r \frac{d^2 r}{d\beta \, ds} - \tfrac{1}{2} \frac{dr}{d\beta} \frac{dr}{ds} \right\} \frac{dr}{d\omega} \frac{d\omega}{dt}.$$

Von den beiden durch Σ und S bezeichneten Integrationen, die im Allgemeinen [34] auf die ganzen Umgänge respective ς und s auszudehnen sind, beschränkt sich Σ in dem zweiten Gliede auf die Elemente von β, weil für die Elemente des Theils α der Factor $\dfrac{d\omega}{dt} = 0$ ist, und S im ersten Gliede auf die Elemente von b, da für die Elemente von a hier $\dfrac{do}{dt} = 0$ ist; aus diesem Grunde ist in diesen Gliedern respective statt $D\sigma$ und Ds geschrieben worden $D\beta$ und Db.

Ich werde das in dem ersten Gliede des vorstehenden Ausdrucks von E unter dem Integralzeichen $\int$ stehende Doppelintegral durch B bezeichnen, und in dem zweiten Gliede durch B, so dass

(2)
$$B = \Sigma S \frac{D\sigma\, Db}{r^2} \left\{ r \frac{d^2 r}{d\sigma\, db} - \tfrac{1}{2} \frac{dr}{d\sigma} \frac{dr}{db} \right\} \frac{dr}{do} \frac{do}{dt}$$
$$B = \Sigma S \frac{D\beta\, Ds}{r^2} \left\{ r \frac{d^2 r}{d\beta\, ds} - \tfrac{1}{2} \frac{dr}{d\beta} \frac{dr}{ds} \right\} \frac{dr}{d\omega} \frac{d\omega}{dt}$$

und

(3)
$$E = - \varepsilon \int \delta t\, B - \varepsilon \int \delta t\, \mathrm{B}.$$

Die Integration in dem Ausdruck von B nach $D\sigma$ erstreckt sich auf alle Elemente, welche zur Zeit t in dem Umgange ς enthalten sind, die nach Db ist von $b = b_{\prime}$ bis $b = b_{\prime\prime}$ auszudehnen, wo $b_{\prime}$ und $b_{\prime\prime}$ die zur Zeit t in den Gleitstellen liegenden Enden des bewegten Stücks b sind. Die Integration in B nach Ds ist auf alle zur Zeit t in s vorhandenen Elemente auszudehnen, die nach $D\beta$ bezieht sich nur auf die zwischen $\beta_{\prime}$ und $\beta_{\prime\prime}$ liegenden Elemente, wo $\beta_{\prime}$ und $\beta_{\prime\prime}$ die Gleitstellen des bewegten Stücks β zur Zeit t bezeichnen. Es sind also sowohl die Anzahl der Elemente, nach welchen in B und B zu integriren ist, als die Lage derselben und deshalb auch r und dessen Differentialquotienten Functionen der Zeit, und somit auch B und B. Diese Functionen B und B sind in (3) nach δt zwischen $t_{\prime}$ und $t_{\prime\prime}$ zu integriren.

Ich werde annehmen, das Zeitintervall $t_{\prime\prime} - t_{\prime} = \tau_{\prime}$ sei sehr klein, so dass, wenn man $t_{\prime} + \tau = t$ setzt, wo τ zwischen 0 und $\tau_{\prime}$ liegen soll, man die Functionen B und B nach den Potenzen von τ entwickeln kann, und nur die ersten Glieder dieser Entwickelung zu berücksichtigen braucht. Ich setze

$$B = B_{\prime} + B_{\prime\prime} \tau$$
$$\mathrm{B} = \mathrm{B}_{\prime} + \mathrm{B}_{\prime\prime} \tau.$$

Hierin ist $B_{\prime}$ der Werth, welchen B zur Zeit $t_{\prime}$ besitzt. Der Zuwachs, welchen B zur Zeit $t_{\prime} + \tau$ erfahren hat, rührt von zwei von einander unabhängigen [35] Ursachen her, einmal weil die Lage und Anzahl der Elemente des Leiterstücks b sich geändert hat, und dann, weil dasselbe in Beziehung auf die Elemente der Strombahn ς stattgefunden hat. Ich werde, um die Wirkung dieser beiden Ursachen zu unterscheiden, setzen

$$B_{\prime\prime} = B_b + B_\sigma,$$

wo B_b den Theil von $B_{//}$ bezeichnen soll, welcher von der Veränderung der Zahl und Lage der Elemente in b herrührt, und B_σ von der Veränderung der Elemente in ς.

Ebenso besteht $B_{//}$ aus zwei von einander unabhängigen Theilen, der eine rührt von der Verschiebung der Elemente des Bahnstücks β her, und dieser soll mit B_β bezeichnet werden, der andere von der Veränderung, welche der Leiterumgang s erlitten hat, und dieser soll B_s genannt werden, so dass

$$B_{//} = B_s + B_\beta.$$

Setzt man diese Werthe in (3) und integrirt, nachdem man $\delta\tau$ statt δt geschrieben hat, nach $\delta\tau$ zwischen 0 und $\tau_{,}$, so erhält man für die in dem kleinen Zeitintervall $\tau_{,}$ inducirte elektromotorische Kraft E den Ausdruck

(4) $\quad E = -\varepsilon \tau_{,} \{B_{,} + B_{,} + \tfrac{1}{2}(B_b + B_\sigma + B_s + B_\beta)\tau_{,}\}.$

Ich werde jetzt nachweisen, dass dieselbe elektromotorische Kraft inducirt wird, wenn man dieselben Verrückungen der Elemente der inducirenden und inducirten Strombahn nicht gleichzeitig, sondern nach einander erfolgen lässt.

Es sollen die Elemente von β in Ruhe bleiben, und die von b verrückt werden; dann ist wegen $\dfrac{d\omega}{dt} = 0$ auch $B = 0$ und

$$B = B_{,} + B_b \tau.$$

Die jetzt inducirte elektromotorische Kraft, welche ich E_b nenne, hat den Ausdruck

$$E_b = -\varepsilon\tau_{,}\{B_{,} + \tfrac{1}{2} B_b \tau_{,}\},$$

worin, da die Verrückung der Elemente von b ebenso gross sein soll, wie vorher, $\tau_{,}$ denselben Werth als in (4) besitzt. Jetzt, nachdem die Verschiebung von b vollendet ist, sollen die Elemente von β fortgeführt werden. Diese Fortführung geschieht in dem Zeitraum von $t_{,} + \tau_{,}$ bis $t_{,} + 2\tau_{,}$. [36] Zur Zeit $t_{,} + \tau_{,}$ hat B den Werth $B_{,} + B_s\tau_{,}$ und zur Zeit $t_{,} + \tau_{,} + \tau$ ist also

$$B = B_{,} + B_s\tau_{,} + B_\beta\tau,$$

während in dieser Periode $B = 0$ ist, weil in ihr $\dfrac{do}{dt} = 0$. Nennt man die in dieser Periode inducirte elektromotorische Kraft E_s, so ist

$$E_s = -\varepsilon\tau_{,}\{B_{,} + \tfrac{1}{2}(2B_s + B_\beta)\tau_{,}\}$$

und demnach die Summe der in beiden Perioden inducirten elektromotorischen Kraft

(5) $E_b + E_s = -\varepsilon\tau_{,} \{B_{,} + B_{,} + \tfrac{1}{2}(B_b + 2B_s + B_\beta)\tau_{,}\}.$

Wäre die Ordnung, in welcher die Elemente der Stücke b und β fortgeführt sind, die umgekehrte gewesen, und wäre also zuerst β und dann b verschoben worden, so hätte man, wenn die in der ersten Periode inducirte elektromotorische Kraft durch E_β, die der zweiten Periode durch E_σ bezeichnet wird, erhalten:

$$E_\beta = -\varepsilon\tau_{,}\{(B_{,} + \tfrac{1}{2}B_\beta)\tau_{,}\}$$
$$E_\sigma = -\varepsilon\tau_{,}\{B_{,} + \tfrac{1}{2}(2B_\sigma + B_b)\tau_{,}\}$$

und also die Summe der in beiden Perioden inducirten elektromotorischen Kraft

$$E_\beta + E_\sigma = -\varepsilon\tau_{,}\{B_{,} + B_{,} + \tfrac{1}{2}(B_\beta + 2B_\sigma + B_b)\tau_{,}\}.$$

Nun muss aber $E_\beta + E_\sigma = E_b + E_s$ sein, weil jede dieser Grössen dem Unterschied der Werthe gleich ist, welche das Potential von ς in Bezug auf s in den End- und Anfangspositionen der Elemente dieser zwei von der Stromeinheit durchströmten Curven hat, und es in Beziehung auf diesen Unterschied gleichgültig ist, ob die Elemente von b zuerst und dann die von β, oder ob umgekehrt zuerst die Elemente von β und hierauf die von b fortgeführt worden sind. Hieraus folgt aber $B_\sigma = B_s$ oder

$$2B_s = B_\sigma + B_s.$$

Setzt man diesen Werth von B_s in (5) und vergleicht diese Gleichungen mit (4), so sieht man, dass

$$E = E_b + E_s$$

und dass es also bei kleinen Verschiebungen der Strom- und Leiterelemente [37] gleichgültig ist, in Beziehung auf die inducirte elektromotorische Kraft, ob diese Verschiebungen gleichzeitig oder aufeinander folgend stattfinden. Bezeichnet man die Curven s und ς zur Zeit $t_{,}$ durch $s_{,}$ und $\varsigma_{,}$, zur Zeit $t_{,} + \tau_{,}$ durch $s_{,,}$ und $\varsigma_{,,}$ und durch $P(s \cdot \varsigma)$ wieder das Potential von s in Bezug auf ς, beide Curven von der Stromeinheit durchströmt gedacht, so kann man statt (4) schreiben

$$E = \varepsilon\{P(\varsigma_{,,} \cdot s_{,,}) - P(\varsigma_{,} \cdot s_{,})\}.$$

Wenn die Verschiebung, und also auch $\tau_{,}$ unendlich klein $= \delta t$ ist, so ist $P(\varsigma_{,,} \cdot s_{,,}) - P(\varsigma_{,} \cdot s_{,})$ der mit δt multiplicirte nach t

genommene Differentialquotient von $P(\varsigma_{,}\cdot s_{,})$. Mit Weglassung der Accente an ς und s hat man also für die während ∂t inducirte elektromotorische Kraft den Ausdruck

$$\varepsilon\,\partial t\,\frac{d\cdot}{dt}P(\varsigma\cdot s).$$

Hierbei ist die Stromstärke des Inducenten der Einheit gleich gesetzt. Ist diese j, so ist die inducirte Kraft

(6) $$\varepsilon\,\partial t\,j\,\frac{d}{dt}P(\varsigma\cdot s),$$

woraus folgt, dass, wenn j constant ist, auch die in jedem endlichen Zeitintervall von $t_{,}$ bis $t_{,,}$ inducirte elektromotorische Kraft F ausgedrückt ist durch

(7) $$F = \varepsilon j\,\{P(\varsigma_{,,}\cdot s_{,,}) - P(\varsigma_{,}\cdot s_{,})\},$$

wo $\varsigma_{,}$, $\varsigma_{,,}$ und $s_{,}$, $s_{,,}$ die Curven ς und s in der Lage ihrer Elemente bezeichnen, die sie zur Zeit $t_{,}$ und $t_{,,}$ besitzen.

Durch die vorstehende Betrachtung ist die Summe der beiden dreifachen Integrale in (1) auf die Differenz zweier Doppelintegrale zurückgeführt, nämlich, indem für $P(\varsigma\cdot s)$ sein Werth gesetzt wird

(8) $$F = Ej = \tfrac{1}{2}\varepsilon j\,\Sigma\mathsf{S}\,\frac{D\sigma_{,}\,Ds_{,}}{r_{,}}\cos(D\sigma_{,}\cdot Ds_{,})$$
$$-\tfrac{1}{2}\varepsilon j\,\Sigma\mathsf{S}\,\frac{D\sigma_{,,}\,Ds_{,,}}{r_{,,}}\cos(D\sigma_{,}\cdot Ds_{,,}),$$

worin durch die den Elementen und dem r zugefügten Strichelchen die Lage und Entfernung derselben im Anfang und am Ende ihrer Verrückungen bezeichnet sind. Die Integrationen sind auf die ganzen geschlossenen Umgänge auszudehnen.

[38] Wir haben bis jetzt einen speciellen Fall, wie er in Fig. 5 (Seite 36) vorgestellt ist, vorausgesetzt nämlich, dass die inducirende Strombahn aus einem ruhenden und einem bewegten Bahnstücke bestehe, und ebenso der inducirte Leiter nur ein ruhendes und ein bewegtes Leiterstück besitze. Die vorstehende Betrachtung erleidet aber dadurch keine Veränderung, dass wir sowohl der inducirenden als inducirten Strombahn, wenn nur beide unverzweigt bleiben, eine beliebige Anzahl Bahn- und Leiterstücke ertheilen. Wir brauchen nur unter α alle ruhenden Stromelemente, wenn solche vorhanden sind, verstehen, und unter β alle bewegten, und ebenso unter a alle

ruhenden Elemente der inducirten Bahn und unter b alle bewegten. Die Gleichungen (7) und (8) gelten also allgemein für alle unverzweigten Strom- und Leiterumgänge. Ist die inducirte Strombahn verzweigt, so gelten sie für jeden geschlossenen Umgang, der aus ihren Zweigen gebildet werden kann. Ist der inducirende Strom verzweigt, und bleibt die Stromstärke in jedem Zweige ungeachtet der Verrückung der Stromelemente, ungeändert, so gelten die Gleichungen (7) und (8) für jeden der einfachen Stromumgänge, aus welchen der Inducent zusammengesetzt gedacht werden kann. Es sei ν einer dieser Umgänge, die in ihm fliessende Stromstärke sei j_ν und der Antheil der inducirten elektromotorischen Kraft, welcher ihm zukommt, werde durch F_ν bezeichnet, so ist nach (7)

$$F_\nu = \varepsilon j_\nu \{P(\nu_{//} \cdot s_{//}) - P(\nu_{/} \cdot s_{/})\}$$

und die ganze inducirte elektromotorische Kraft also

(9) $$F = \varepsilon \mathfrak{S} j_\nu \{P(\nu_{//} \cdot s_{//}) - P(\nu_{/} \cdot s_{/})\},$$

wo $\mathfrak{S}$ dieselbe Bedeutung wie in (7) des vorigen Paragraphen hat, wofür man, wenn $Q(\varsigma \cdot s)$ das Potential des inducirenden, beliebig verzweigten Stroms ς in Bezug auf die Stromeinheit in s bezeichnet, schreiben kann

(10) $$F = \varepsilon \{Q(\varsigma_{//} \cdot s_{//}) - Q(\varsigma_{/} \cdot s_{/})\}.$$

Durch diese Gleichung ist das neue, im Eingang dieser Abhandlung aufgestellte Inductionsprincip so weit bewiesen, als in dem Inducenten keine Veränderungen in der Stromstärke vor sich gehen.

Ist die Stromstärke j variabel, und der Inducent unverzweigt, so erhält man aus (6) für die in dem Zeitintervall von $t_{/}$ bis $t_{//}$ inducirte elektromotorische Kraft den Ausdruck [39]

(11) $$F = \varepsilon \int \partial t \, j \, \frac{d \cdot}{dt} P(\varsigma \cdot s).$$

Ist der Inducent verzweigt, und seine Stromstärke veränderlich, so erhält man hieraus statt der Gleichung (9) die folgende

(12) $$F = \varepsilon \mathfrak{S} \cdot \int \partial t \, j_\nu \, \frac{d \cdot}{dt} P(\nu \cdot s).$$

§ 4.

Es bleibt noch übrig, diejenige elektromotorische Kraft auszudrücken, welche, ohne dass eine Ortsveränderung der Elemente eines inducirenden Stroms eintritt, durch die Veränderung seiner Stromstärke erregt wird, oder, wenn eine solche Ortsveränderung vorhanden ist, den Antheil der inducirten elektromotorischen Kraft zu bestimmen, welcher von der gleichzeitig eingetretenen Intensitätsveränderung herrührt. Dies ist der Gegenstand dieses Paragraphen.

Der Ausdruck für die in Rede stehende elektromotorische Kraft kann nicht aus den Principien, welche den vorigen Paragraphen zu Grunde liegen, abgeleitet werden, da diese sich nur auf die Ortsveränderungen der Strom- und Leiterelemente beziehen. In meiner früheren Abhandlung aber wurde ich durch Analogie auf ein anderes Princip geführt, durch welches die vorliegende Frage beantwortet werden kann, und das sich durch die Beobachtung als richtig bewährt hat. Dieses Princip habe ich an dem angeführten Orte so ausgesprochen: wenn in einem ruhenden geschlossenen Strom ς die Intensität $j_{,}$ sich in $j_{,,}$ verändert, so ist die in einem in seiner Nähe befindlichen einfachen Leiterumgang s dadurch inducirte elektromotorische Kraft

(1) $\qquad \varepsilon\,(j_{,,} - j_{,})\,P(\varsigma \cdot s),$

d. i. proportional mit der Potentialdifferenz des Inducenten ς in seinen zweierlei Intensitätszuständen $j_{,}$ und $j_{,,}$ in Bezug auf die Stromeinheit in dem Leiterumgang s.

Der Grundsatz, auf welchem dies Princip beruht, ist der, dass die Induction in einem **ruhenden** geschlossenen Leiter allein durch die Veränderung der Wirkung des Inducenten nach Aussen hervorgebracht wird, und dass die in einer bestimmten Zeit inducirte elektromotorische Kraft allein von dem Anfangs- und Endzustand dieser Wirkung abhängt, nicht von der Art und Weise, wie der letztere aus dem ersteren hervorgegangen ist. Ist z. B. der Endzustand dieser Wirkung gleich dem Anfangszustand, so ist die Summe der inducirten elektromotorischen Kraft immer gleich Null. Wenn dieselbe Veränderung in der Wirkung eines Stromes nach aussen, welche durch eine Veränderung seiner Intensität eingetreten ist, durch eine Verschiebung seiner Elemente hervorgebracht werden kann, so hat man in dem Ausdruck der durch diese Verschiebung inducirten elektromotorischen Kraft zugleich den für die durch die Intensitätsveränderung erregte. Die Veränderung der Stromstärke von $j_\prime$ in $j_{\prime\prime}$ eines ruhenden Inducenten bringt dieselbe Variation in seiner Wirkung nach aussen hervor, als wäre zu dem ursprünglichen Strom $j_\prime$ ein anderer von derselben Configuration mit der Intensität $j_{\prime\prime} - j_\prime$ aus unendlicher Ferne hinzugeführt und über ihn gelegt worden. Die durch den hinzugeführten Strom inducirte elektromotorische Kraft ist $F = \varepsilon (j_{\prime\prime} - j_\prime) P(\varsigma \cdot s)$, und dies ist der in (1) gegebene Ausdruck für die durch die Intensitätsveränderung $j_{\prime\prime} - j_\prime$ inducirte elektromotorische Kraft. — Ich werde diesen Grundsatz noch durch ein zweites Beispiel erläutern, und dazu den in § 2 behandelten Inductionsfall, auf welchen sich Fig. 4 (Seite 32) bezieht, wählen. Ich behalte die damals gebrauchte Bezeichnung bei, und füge der dort gemachten Bestimmung, dass j_α und λ constant sein sollen, noch die hinzu, dass λ verschwindend klein sei. Alsdann fliesst der ganze inducirende Strom in dem Umgang $a\alpha\beta b$, da jetzt die Intensität j_γ in dem Zweige $\alpha\gamma\beta$ unendlich klein ist. Führt man nun das bewegliche Bahnstück $\alpha\beta$ aus seiner Anfangslage $\alpha_\prime\beta_\prime$ in der Richtung nach $\alpha_{\prime\prime}\beta_{\prime\prime}$ so weit, bis es bei γ ganz aus der leitenden Verbindung mit der Strombahn heraustritt, so ist die inducirte elektromotorische Kraft $\varepsilon j_\alpha P(\pi \cdot s)$, wo π die Curve $\alpha_\prime \alpha_{\prime\prime} \gamma \beta_{\prime\prime} \beta_\prime$ bezeichnet, auf welcher die Enden des bewegten Bahnstücks fortgleiteten. Die Veränderung, die in dem inducirenden Strom hervorgebracht ist, ist aber keine andere, als die, welche durch das Eintreten des Stroms j_α in die mit π bezeichnete Curve, in welcher im Anfange kein Strom floss, hervorgebracht wird. Das Eintreten eines Stromes von der Intensität j_α in die Bahn π inducirt also in dem Leiterumgang s eine elektromotorische Kraft, deren Ausdruck $\varepsilon j_\alpha P(\pi \cdot s)$, oder wenn für $P(\pi \cdot s)$ sein Werth gesetzt wird, und statt j_α der Buchstabe j gebraucht wird:

$$(2) \quad -\tfrac{1}{2} \varepsilon j \, \mathbf{S}\mathbf{\Sigma} \frac{Ds\, D\pi}{r} \cos (Ds \cdot D\pi),$$

[41] wo die Integrationen auf die geschlossenen Curven π und s auszudehnen sind. Da dieser Ausdruck gilt, welche Formen auch π und s haben, so schliesst man hieraus, dass jedes Stromelement $D\pi$ in jedem Leiterelement Ds, sofern diese Elemente geschlossenen Umgängen angehören, dadurch, dass die Stromintensität des Umganges, zu welchem $D\pi$ gehört, von 0 bis j wächst, eine elektromotorische Kraft inducirt, welche den Ausdruck:

(3) $$-\tfrac{1}{2}\varepsilon j \cdot \frac{Ds\, D\pi}{r} \cos(Ds \cdot D\pi)$$

hat. Statt des Ausdrucks in (2) kann man, zufolge der Nachweisung, welche in § 1 bei Ableitung der Gleichung (13) aus (12) gegeben ist, schreiben

(4) $$\tfrac{1}{2}\varepsilon j \cdot S\Sigma \frac{Ds\, D\pi}{r} \frac{dr}{ds} \frac{dr}{d\pi},$$

und also auch als elementare Wirkung der Induction durch Intensitätsveränderung setzen

(5) $$\tfrac{1}{2}\varepsilon j \frac{Ds\, D\pi}{r} \frac{dr}{ds} \frac{dr}{d\pi}.$$

Die Absicht der Ausdrücke in (3) und (5) für die elementare Induction durch Intensitätsveränderung ist, durch sie den Antheil zu bestimmen, welchen ein gegebener Theil der Strombahn π an der durch die ganze Bahn inducirten elektromotorischen Kraft hat, oder den Theil derselben, welcher in einem gegebenen Stück des geschlossenen Leiterumganges erregt ist. Man erhält diese Theile der elektromotorischen Kraft, wenn man die Integrationen in (2) und (4) auf die in die Rede stehenden Stücke der Curven π und s beschränkt.

Aus dem Vorstehenden folgt, dass, wenn in einem Stromelement $D\sigma$ die Stromstärke j während δt einen Zuwachs $\dfrac{dj}{dt}\delta t$ erhält, dadurch in dem Element Ds eines geschlossenen Leiterumgangs s eine elektromotorische Kraft erregt wird, welche den Werth

(6) $$-\tfrac{1}{2}\varepsilon\, \delta t \frac{Ds\, D\sigma}{r} \cos(Ds \cdot D\sigma) \cdot \frac{dj}{dt}$$

hat, und dass die durch den ganzen Stromumgang in dem ganzen Leiterumgang während δt inducirte elektromotorische Kraft

(7) $$\varepsilon\, \delta t\, P(\varsigma \cdot s) \frac{dj}{dt}$$

[42] ist; die Summe derselben, welche in dem Zeitraum von $t_{\prime}$ bis $t_{\prime\prime}$ erregt ist, ergiebt sich durch Integration dieses Ausdrucks nach δt zwischen $t_{\prime}$ und $t_{\prime\prime}$, und ist also

(8) $$\varepsilon \int_{t_{\prime}}^{t_{\prime\prime}} \delta t\, P(\varsigma \cdot s) \frac{dj}{dt}.$$

Hierin kann $P(\varsigma \cdot s)$ eine Function der Zeit sein, entweder weil die Lage der Elemente von s oder die Lage der Elemente von ς von dieser Grösse abhängen oder weil beide Curven zugleich mit der Zeit sich verändern.

Die vorstehenden Ausdrücke in (7) und (8) gelten, wenn der Leiter verzweigt ist, für jeden einfachen Umgang desselben, und wenn der inducirende Strom verzweigt ist, für jeden seiner einfachen Umgänge, aus welchen er zusammengesetzt gedacht werden kann.

Ich werde jetzt nachweisen, dass, wenn eine Intensitätsveränderung infolge der Verrückung der Stromelemente eintritt, die ganze inducirte elektromotorische Kraft, von der ein Theil durch die Verrückung der Elemente, der andere durch die Variation der Stromintensität erregt ist, gleich ist dem mit ε multiplicirten Unterschied der Werthe, welche das Potential des inducirenden Stroms in dem End- und Anfangszustand seiner Elemente in Bezug auf den von der Stromeinheit durchströmten Leiterumgang hat. Ich werde dies zuerst in einigen einfachen speciellen Fällen thun, von welchen aus sich das Resultat leicht verallgemeinern lassen wird.

Es sei der inducirende Strom ohne Verzweigung, und er bestehe aus einem ruhenden Bahnstück α und einem bewegten β. Die Fortführung dieses Stücks geschehe in dem Zeitraum von $t_{,}$ bis $t_{,,}$ und wirke inducirend auf einen ruhenden Leiterumgang s. Das Verhältniss der Leitungswiderstände in α und β sei so, dass die Stromstärke j durch die Fortführung des Bahnstücks β sich von $j_{,}$ in $j_{,,}$ verändert. Die von α und β gebildete geschlossene Bahn nenne ich ς und bezeichne sie durch $\varsigma_{,}$ und $\varsigma_{,,}$ in der Anfangs- und Endposition von β.

Der Antheil der elektromotorischen Kraft, welcher durch die Fortführung der Elemente von β inducirt wird, hat nach (10) § 2 den Ausdruck

$$(9) \qquad \varepsilon \int \partial t\, j\, \frac{d \cdot}{dt}\, P(\varsigma \cdot s)$$

[43] und der durch die Veränderung der Stromstärke inducirte Antheil ist nach (8) dieses Paragraphen:

$$(10) \qquad \varepsilon \int \partial t\, P(\varsigma \cdot s)\, \frac{d \cdot j}{dt},$$

wo die Integrationen in beiden Ausdrücken auf das Intervall von $t_{,}$ bis $t_{,,}$ auszudehnen sind. Die Summe F dieser beiden

Antheile, d. i. die ganze inducirte elektromotorische Kraft ist also

$$F = \varepsilon \int \delta t \, \frac{d.}{dt} j P(\varsigma \cdot s),$$

d. i.
(11) $\qquad F = \varepsilon \{j_{\prime\prime} P(\varsigma_{\prime\prime} \cdot s) - j_{\prime} P(\varsigma_{\prime} \cdot s)\}.$

Dies ist für den speciellen vorliegenden Fall der Satz, welcher bewiesen werden sollte. Man sieht aber sogleich, dass man zu demselben Resultat gelangt, wenn man den Strom aus einer beliebigen Anzahl Bahnstücken bestehend voraussetzt, dass man ihren Gleitstellen ruhende oder bewegte Unterlagen geben kann, dass man endlich die Elemente des Leiterumgangs gleichzeitig mit den Stromelementen beliebig verschieben kann, ohne dass der Ausdruck für F in (11) dadurch eine Veränderung erleidet, wenn nur Strom- und Leiterumgang unverzweigt ist. Denn da in allen diesen Fällen der durch die Verschiebung der Elemente erregte Theil der elektromotorischen Kraft durch (9), der durch die Intensitätsveränderung erregte Antheil durch (10) ausgedrückt ist, und F die Summe dieser beiden Theile ist, so gilt die Gleichung (11) überhaupt für einfache Strom- und Leiterumgänge, muss nun aber, in dieser Verallgemeinerung, so geschrieben werden:

(12) $\qquad F = \varepsilon \{j_{\prime\prime} P(\varsigma_{\prime\prime} \cdot s_{\prime\prime}) - j_{\prime} P(\varsigma_{\prime} \cdot s_{\prime})\}.$

Es ergiebt sich ferner, dass, wenn der inducirte Leiter verzweigt ist, da in diesem Falle (9) und (10) die eben bezeichneten Theile der elektromotorischen Kraft, welche in jedem einzelnen Umgang, der aus seinen Zweigen gebildet werden kann, erregt wird, ausdrücken, die Gleichung (11) für jeden solchen Umgang gilt, und durch sie die in ihm inducirte elektromotorische Kraft bestimmt wird.

Behufs der Beurtheilung der Induction durch beliebig verzweigte Inducenten, werde ich zuerst wieder ein einfaches hierher gehöriges Beispiel behandeln. Fig. 6 stelle den inducirenden Strom dar, er besteht aus den [44] drei Zweigen α, β, γ, von denen. während α und γ ruhen, β aus der Lage $\beta_{\prime}$ in die Lage $\beta_{\prime\prime}$ fortgeführt wird, wodurch in

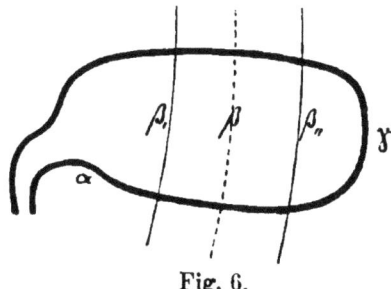

Fig. 6.

einem in der Nähe befindlichen Leiterumgang s die elektromotorische Kraft F inducirt wird. Diesen verzweigten Strom sehe ich als aus zwei einfachen Strömen zusammengesetzt an, von denen der eine seine Bahn in dem aus α und β gebildeten Umgang hat, der andere in dem aus α und γ gebildeten. Die Stromstärke in dem ersteren Umgang werde ich durch j_β, in dem anderen durch j_γ bezeichnen. Die Anfangs- und Endwerthe dieser Grössen sollen $j_{\beta_\prime}, j_{\gamma_\prime}$, und $j_{\beta_{\prime\prime}}, j_{\gamma_{\prime\prime}}$ sein. Ebenso sollen α, β, γ in ihren Anfangs- und Endzuständen bezeichnet werden. Das Integral $-\tfrac{1}{2}\mathrm{S}\Sigma \dfrac{Ds\,D\sigma}{r} \cos(D\sigma \cdot Ds)$, ausgedehnt in Bezug auf Ds auf den ganzen Leiterumgang s und beschränkt in Bezug auf $D\sigma$ respective auf die Bahnstücke α, β, γ, will ich durch $P(\alpha \cdot \mathrm{s}), P(\beta \cdot \mathrm{s}), P(\gamma \cdot \mathrm{s})$ bezeichnen. Das Potential des ganzen inducirenden Stroms, den ich durch ς bezeichne, in Bezug auf die Stromeinheit in s soll $Q(\varsigma \cdot \mathrm{s})$ sein, so dass

(13) $\quad Q(\varsigma \cdot \mathrm{s}) = j_\beta\{P(\alpha \cdot \mathrm{s}) + P(\beta \cdot \mathrm{s})\} + j_\gamma\{P(\alpha \cdot \mathrm{s}) + P(\gamma \cdot \mathrm{s})\}.$

Die durch die Verschiebung der Stromelemente in s inducirte elektromotorische Kraft F ist die Summe derjenigen, welche von jedem der einfachen Umgänge, in welche der Inducent zerlegt ist, erregt wird. Also hat man mit Rücksicht auf das in (11) in Beziehung auf einfache Umgänge erhaltene Resultat:

(14) $\begin{aligned} F = &\ \varepsilon\{j_{\beta_{\prime\prime}}(P(\alpha_{\prime\prime}\cdot\mathrm{s})+P(\beta_{\prime\prime}\cdot\mathrm{s}))-j_{\beta_\prime}(P(\alpha_\prime\cdot\mathrm{s})+P(\beta_\prime\cdot\mathrm{s}))\} \\ &+ \varepsilon\{j_{\gamma_{\prime\prime}}(P(\alpha_{\prime\prime}\cdot\mathrm{s})+P(\gamma_{\prime\prime}\cdot\mathrm{s}))-j_{\gamma_\prime}(P(\alpha_\prime\cdot\mathrm{s})+P(\gamma_\prime\cdot\mathrm{s}))\}, \end{aligned}$

worin in dem vorliegendem Falle, wo der aus α und γ gebildete Umgang unverändert bleibt

$$P(\alpha_{\prime\prime}\cdot\mathrm{s}) + P(\gamma_{\prime\prime}\cdot\mathrm{s}) = P(\alpha_\prime\cdot\mathrm{s}) + P(\gamma_\prime\cdot\mathrm{s}).$$

Statt (14) kann man mit Rücksicht auf (13) schreiben

(15) $\qquad F = \varepsilon\{Q(\varsigma_{\prime\prime}\cdot\mathrm{s}) - Q(\varsigma_\prime\cdot\mathrm{s})\},$

wodurch der Satz, welcher nachgewiesen werden sollte, erreicht ist.

Jede andere Zerlegung des gegebenen Stromes, z. B. in die zwei Umgänge, welche durch $\alpha\beta$ und $\gamma\beta$ gebildet werden, führt zu demselben Resultat. Ich werde, obwohl gar keine Schwierigkeit dabei ist, die Betrachtung für diese Zerlegung noch durchführen. Ich werde die Stromstärke in dem [45] Umgang $\alpha\beta$ jetzt durch j_α und in dem Umgang $\beta\gamma$ durch j_γ bezeichnen.

Inducirte elektrische Ströme. Abh. II. § 4.

Die Grösse j_γ ist dieselbe, wie vorher; dies ergiebt sich daraus, dass in jedem Zweige, also auch in γ dieselbe Stromstärke vorhanden sein muss, auf welche Art die Zerlegung auch vorgenommen wird; aus demselben Grunde ist auch j'_α, die jetzige Stromstärke in α, gleich $j_\beta + j_\gamma$, welches nach der ersten Art der Zerlegung die Stromstärke in diesem Zweige war. Die Summe der von den beiden einfachen Strömen j'_α und j'_γ inducirten elektromotorischen Kraft ist

$$(16) \quad \begin{aligned} F = \ &\varepsilon\{j'_{\alpha_{//}}(P(\alpha_{//}\cdot s) + P(\beta_{//}\cdot s)) - j'_{\alpha_{/}}(P(\alpha_{/}\cdot s) + P(\beta_{/}\cdot s))\} \\ &+ \varepsilon\{j'_{\gamma_{//}}(P(\gamma_{//}\cdot s) - P(\beta_{//}\cdot s)) - j'_{\gamma_{/}}(P(\gamma_{/}\cdot s) - P(\beta_{/}\cdot s))\}. \end{aligned}$$

Es ist in dem Gliede, welches sich auf den Strom j'_γ bezieht, dem $P(\beta\cdot s)$ das negative Vorzeichen gegeben, weil die Richtung, nach welcher das durch diese Grösse bezeichnete Integral zu nehmen ist, entgegengesetzt ist derjenigen, nach welcher dasselbe Integral in dem Gliede genommen ist, welches sich auf den Strom j'_α bezieht.

Der vorstehende Ausdruck reducirt sich, wie man sogleich sieht, auf

$$F = \varepsilon\{Q(\varsigma_{//}\cdot s) - Q(\varsigma_{/}\cdot s)\},$$

er verwandelt sich übrigens in den Ausdruck (14), wenn man die Relationen $j_{\alpha_{//}} = j_{\beta_{//}} + j_{\gamma_{//}}$, $j_{\alpha_{/}} = j_{\beta_{/}} + j_{\gamma_{/}}$ berücksichtigt.

Man übersieht leicht, dass, wenn wir bei dem in Fig. 6 (Seite 47) dargestellten Inductionsfall bleiben, aber während der Fortführung des Bahnstücks β, den aus α, γ gebildeten Umgang eine beliebige Formveränderung erfahren lassen, an der Gleichung für F (15) dadurch nichts verändert wird, dass aber, wenn der inducirte Leiterumgang nicht ruht, vielmehr seine Elemente eine beliebige Verschiebung erfahren, die Gleichung (15) sich verwandelt in

$$(16) \qquad F = \varepsilon\{Q(\varsigma_{//}\cdot s_{//}) - Q(\varsigma_{/}\cdot s_{/})\}.$$

Nach dieser Discussion eines Beispieles eines verzweigten Inducenten variabler Intensität, wird es leicht sein, die Betrachtung allgemein anzustellen. Es sei ein beliebig verzweigter Strom gegeben, dessen Elemente beliebig verschoben werden, diese Verschiebung und die dadurch hervorgebrachte Intensitätsveränderung inducirt in einem in der Nähe befindlichen einfachen Leiterumgang, dessen Elemente gleichfalls eine beliebige gleichzeitige Verschiebung erfahren, einen Strom, es soll die

Ostwald's Klassiker 36   4

Summe der inducirten elektromotorischen [46] Kraft bestimmt werden. Es werde der inducirende Strom in die einfachen Ströme zerlegt, aus deren Uebereinanderlagerung er entstanden gedacht werden kann, ihre Umgänge seien $\alpha, \beta, \cdots \nu \cdots$, und ihre Stromstärken $j_\alpha, j_\beta \cdots j_\nu \cdots$ Die Anfangs- und Endzustände sollen wieder durch beigefügte Strichelchen bezeichnet werden. Den ganzen inducirenden Strom nenne ich ς und in seinem Anfangszustand und Endzustand: $\varsigma_{,}$ und $\varsigma_{,,}$. Die entsprechende Bedeutung haben s, $s_{,}$, $s_{,,}$ für den inducirten Leiterumgang. Das Potential von ς in Bezug auf s, diesen Umgang von der Stromeinheit durchströmt gedacht, ist $Q(\varsigma \cdot s)$, so dass

(17) $\quad Q(\varsigma \cdot s) = j_\alpha P(\alpha \cdot s) + j_\beta P(\beta \cdot s) + \cdots = \mathfrak{S} j_\nu P(\nu \cdot s)$,

wo das Summenzeichen $\mathfrak{S}$ auf alle einfachen Umgänge, in welche der Inducent zerlegt ist, sich bezieht.

Die von dem Umgange ν inducirte elektromotorische Kraft ist nach (12)

$$\varepsilon \{ j_{\nu_{,,}} P(\nu_{,,} \cdot s_{,,}) - j_{\nu_{,}} P(\nu_{,} \cdot s_{,}) \}.$$

Die von dem ganzen Inducenten erregte Kraft F ist die Summe der von seinen einfachen Umgängen inducirten elektromotorischen Kräfte, also

(18) $\quad F = \varepsilon \mathfrak{S} \cdot \{ j_{\nu_{,,}} P(\nu_{,,} \cdot s_{,,}) - j_{\nu_{,}} P(\nu_{,} \cdot s_{,}) \}$

oder nach (17)

(19) $\quad F = \varepsilon \{ Q(\varsigma_{,,} \cdot s_{,,}) - Q(\varsigma_{,} \cdot s_{,}) \}$.

Durch diese Gleichung ist der Satz, welcher im Eingange dieser Abhandlung als ein neues Princip der mathematischen Theorie der Induction aufgestellt ist, in seiner ganzen Allgemeinheit bewiesen.

Ich will hier nur noch einem Bedenken begegnen, welches bei der Herleitung, die ich eben für diese Gleichung gegeben habe, entstehen könnte. Dies Bedenken bezieht sich auf den Fall, wo die Anzahl der einfachen Stromumgänge, in welche der Inducent zu zerlegen ist, vor und nach der Verrückung seiner Elemente verschieden ist. Die Discussion eines einzelnen solchen Falles wird hinreichen, zu zeigen, dass dieser Umstand, wenn er eintritt, ohne Einfluss auf die Gleichung (19) ist. Unter Anzahl von Umgängen, in welche der Strom zu zerlegen ist, ist die kleinste, durch welche dies geschehen kann, verstanden; dies ist eine durch die Verzweigung des Stromsystems vollkommen bestimmte, und gleich der Anzahl von Wegen, welche das [47] Stromsystem gestattet, um von einem Punkte desselben aus zu ihm zurückzukehren, ohne einen Theil des Weges doppelt zu gehen. Anschaulicher wird die kleinste Anzahl von Stromumgängen, in welche ein verzweigter Strom zerlegt werden kann, wenn man sich die Strombahn mit ihren Verzweigungen in eine Ebene, oder eine andere Fläche so gelegt denken kann, dass die Zweige sich in keinen anderen Punkten als in den Stromtheilungsstellen schneiden. Dadurch wird in dieser Fläche ein Stück begrenzt, das Stromgebiet, innerhalb dessen alle Stromzweige liegen, und dasselbe in **Stromfelder** theilen. Die Anzahl dieser Stromfelder ist dann das Minimum der Anzahl von einfachen Umgängen, in welche das Stromsystem zerlegt werden kann. Jeder dieser Stromumgänge kann wieder auf verschiedene Weise zerlegt werden, z. B. kann jeder als ein Aggregat von Strömen in derselben Bahn angesehen werden. Nach dieser allgemeinen Bemerkung wende ich mich zu dem speciellen Fall.

Es sei in Fig. 7 der inducirende Strom dargestellt. Er besteht aus dem Stamm $\alpha\beta\gamma$ und den Zweigen $\beta\delta\varepsilon\gamma$ und $\beta\mu\gamma$. Die Induction wird durch die Fortführung des Bahnstücks $\beta\gamma$ in die Lage $\beta_{,}\gamma_{,}$ erregt. Vor der Fortführung des Bahnstücks besteht das Stromgebiet aus drei Feldern, nach der Fortführung aus vier, vor der Fortführung muss der Strom also wenigstens in drei, nach derselben in vier

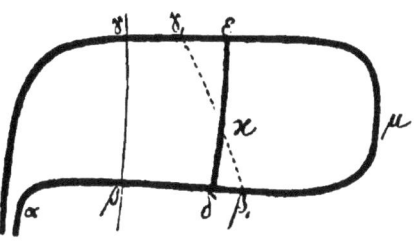

Fig. 7.

einfache Umgänge getheilt werden. Es hindert aber Nichts den Inducenten auch schon vor der Fortführung des Stücks $\beta\gamma$ in vier Stromumgänge zu zerlegen, und diese so zu wählen, dass sie denjenigen nach der Fortführung entsprechen. Ich zerlege nach der Fortführung in die Umgänge $\alpha\beta_{,}\gamma_{,}\alpha$, $\alpha\delta\varkappa\gamma_{,}\alpha$, $\alpha\delta\varepsilon\alpha$ und $\alpha\mu\alpha$, nenne diese respective $\beta, \varkappa, \delta$ und μ, und die Stromstärken in ihnen $j_\beta, j_\varkappa$, etc. Vor der Verrückung fallen die beiden Umgänge β und $\varkappa$ zusammen, und bilden den einen Umgang $\alpha\beta\gamma$, den ich α nennen will, in welchem also ein Strom von der Intensität $j_\beta + j_\varkappa = j_\alpha$ fliesst. Die Anwendung der Formel (18) auf den vorliegenden Fall giebt

$$F= \varepsilon\{j_{\beta_{\prime\prime}}P(\beta_{\prime\prime}\cdot s_{\prime\prime}) + j_{\varkappa_{\prime\prime}}P(\varkappa_{\prime\prime}\cdot s_{\prime\prime}) + j_{\delta_{\prime\prime}}P(\delta_{\prime\prime}\cdot s_{\prime\prime}) + j_{\mu_{\prime\prime}}P(\mu_{\prime\prime}\cdot s_{\prime\prime})\}$$
$$-\varepsilon\{j_{\beta_{\prime}}P(\beta_{\prime}\cdot s_{\prime}) + j_{\varkappa_{\prime}}P(\varkappa_{\prime}\cdot s_{\prime}) + j_{\delta_{\prime}}P(\delta_{\prime}\cdot s_{\prime}) + j_{\mu_{\prime}}P(\mu_{\prime}\cdot s_{\prime})\},$$

worin man, da $P(\beta_{\prime}\cdot s_{\prime}) = P(\varkappa_{\prime}\cdot s_{\prime}) = P(\alpha_{\prime}\cdot s_{\prime})$ und $j_{\beta_{\prime}} + j_{\varkappa_{\prime}} = j_{\alpha_{\prime}}$ ist, statt $j_{\beta_{\prime}}P(\beta_{\prime}\cdot s_{\prime}) + j_{\varkappa_{\prime}}P(\varkappa_{\prime}\cdot s_{\prime})$ setzen kann, $j_{\alpha_{\prime}}P(\alpha_{\prime}\cdot s_{\prime})$. Hieraus ergiebt sich, dass für die Anwendung die vermittelnde Betrachtung, nach welcher j_α vor der [48] Verrückung des Bahnstücks in j_β und $j_\varkappa$ zerlegt wurde, unnöthig ist, welches auch schon daraus erhellt, dass der vorstehende Ausdruck für F von dem in (19) nicht verschieden ist.

§ 5.

W. Weber hat in seiner Abhandlung: **elektrodynamische Maassbestimmungen** u. s. w. den Weg gebahnt, welcher über die Kluft in unserer Kenntniss der elektrostatischen und elektrodynamischen Wirkung der Elektricität führen wird. Er zeigt, wie die *Ampère*'schen Gesetze für die Wirkung zweier Stromelemente aus der Wirkung der positiven und negativen Elektricität des einen Elements auf die beiden Elektricitäten des anderen abgeleitet werden können. Diese Analyse der *Ampère*-schen Gesetze führte zu dem **Grundgesetz für die Wirkung zweier elektrischen Massen**, nach welchen diese nicht allein von ihrer relativen Entfernung, sondern auch relativen Geschwindigkeit und deren Veränderung abhängig ist. Dieses Grundgesetz erklärt zugleich, wie *Weber* gezeigt hat, die Inductionserscheinungen und giebt ihre Gesetze. Der Gegenstand dieses Paragraphen ist nachzuweisen, wie weit die im Vorhergehenden erhaltenen Resultate mit den aus *Weber*'s Grundgesetz der elektrischen Wirkung abgeleiteten Inductionsgesetzen übereinstimmen.

Bezeichnet man mit $\eta_{\prime}$ und $e_{\prime}$ zwei elektrische Massen, jede in einem Punkt concentrirt gedacht, durch r ihre Entfernung zur Zeit t, so hat die Wirkung von $\eta_{\prime}$ auf $e_{\prime}$ nach *Weber*'s Grundgesetz die Richtung von r und ihre Grösse ist ausgedrückt durch

(1) $$\frac{f\eta_{\prime}e_{\prime}}{r^2}\left\{1 - \frac{a^2}{16}\left(\left(\frac{dr}{dt}\right)^2 - 2r\frac{d^2r}{dt^2}\right)\right\},$$

worin f und a zwei Constanten sind, $\dfrac{dr}{dt}$ die relative Geschwindigkeit der Massen η, und e, und $\dfrac{d^2 r}{d t^2}\cdot \delta t$ das Inkrement dieser Geschwindigkeit. Diese Wirkung ist abstossend, wenn η, und e, gleiche Vorzeichen besitzen, und anziehend bei entgegengesetzten Vorzeichen.

Um hieraus die Wirkung, welche zwei Stromelemente auf einander ausüben, abzuleiten, denkt man sich jedes von gleicher Menge positiver und negativer Elektricität in entgegengesetzter Richtung durchströmt, und summirt [49] die vier Wirkungen, welche die zwei Elektricitäten des einen Elements auf die zwei des anderen ausüben. Ich nenne $D\sigma$ und Ds die Stromelemente und bezeichne durch $\pm\eta D\sigma$ und $\pm eDs$ ihre Elektricitätsmengen, wo $\pm\eta$ und $\pm e$ die Producte aus den Dichtigkeiten in die Querschnitte der Strombahn sind. Die Geschwindigkeiten, mit welchen $+\eta D\sigma$ und $-\eta D\sigma$ in der Strombahn ς sich bewegen, sind $+\dfrac{d\sigma}{dt}$ und $-\dfrac{d\sigma}{dt}$, und ebenso sind die Geschwindigkeiten, mit welchen $\pm eDs$ sich in der Strombahn s bewegen, $\pm\dfrac{ds}{dt}$. Die Stromstärken sind mit den durch jeden Querschnitt der Strombahn durchströmenden Elektricitätsmengen proportional, so dass, wenn j und i die Stromstärken in $D\sigma$ und Ds bezeichnen, und $\mathfrak{v}$ und u die Stromgeschwindigkeiten bis auf einen constanten Factor, den man $=1$ setzen kann,

(2) $\qquad j = \eta\dfrac{d\sigma}{dt} = \eta\mathfrak{v} \qquad i = e\dfrac{ds}{dt} = eu$

ist.

Die Entfernung der Stromelemente $D\sigma$ und Ds werde ich durch $(\eta\cdot e)$ bezeichnen, wenn sie sich auf die in ihnen fliessenden $+\eta$ und $+e$ beziehen soll, durch $(-\eta\cdot e)$, wenn sie sich auf $-\eta$ und $+e$ beziehen soll u. s. w. Diese Unterscheidungen von r in $(\pm\eta\cdot\pm e)$ ist erforderlich, weil diese Grössen, obwohl alle vier gleich r sind, doch ungleiche Differentialquotienten in Bezug auf die Zeit besitzen. Sie soll auch nur für die Bezeichnung dieser Differentialquotienten angewandt werden.

Die Wirkung der beiden Stromelemente $D\sigma$ und Ds ist die Summe von folgenden vier Ausdrücken

$$f\eta e \frac{D\sigma\, Ds}{r^2}\left\{1-\frac{a^2}{16}\left(\left(\frac{d\,(e\cdot\eta)}{dt}\right)^2-2r\frac{d^2\,(e\cdot\eta)}{dt^2}\right)\right\},$$

$$-f\eta e \frac{D\sigma\, Ds}{r^2}\left\{1-\frac{a^2}{16}\left(\left(\frac{d\,(e\cdot-\eta)}{dt}\right)^2-2r\frac{d^2(-\cdot\eta)}{dt^2}\right)\right\}.$$

(3)

$$-f\eta e \frac{D\sigma\, Ds}{r^2}\left\{1-\frac{a^2}{16}\left(\left(\frac{d(-e\cdot\eta)}{dt}\right)^2-2r\frac{d^2(-e\cdot\eta)}{dt^2}\right)\right\},$$

$$f\eta e \frac{D\sigma\, Ds}{r^2}\left\{1-\frac{a^2}{16}\left(\left(\frac{d(-e\cdot-\eta)}{dt}\right)^2-2r\frac{d^2(-e\cdot-\eta)}{dt^2}\right)\right\}.$$

Die Summe der beiden ersten Ausdrücke giebt die Wirkung des Elements $D\sigma$, d. i. seiner beiden Elektricitäten auf die positive Elektricität des Elements Ds, die Summe der beiden anderen Ausdrücke die Wirkung von $D\sigma$ [50] auf die negative Elektricität in Ds. Mit der Differenz dieser beiden Summen ist die Kraft proportional, welche die beiden Elektricitäten in dem Elemente Ds in der Richtung von r zu trennen strebt. Multiplicirt man diese Differenz mit dem Cosinus des Winkels, unter welchem r gegen das Element Ds geneigt ist, so erhält man den Theil dieser Kraft, welcher die Trennung der beiden Elektricitäten in Ds in der Richtung von Ds zu bewirken strebt, d. i. die **elektromotorische Kraft, welche das Element $D\sigma$ auf das Element Ds ausübt**.

Die Summe der beiden ersten Ausdrücke in (3) ist, wenn der Kürze wegen statt $a^2 f$ gesetzt wird g:

$$-g\eta e \frac{D\sigma\, Ds}{16\cdot r^2}\left\{\left(\frac{d\,(e\cdot\eta)}{dt}\right)^2-\left(\frac{d\,(e\cdot-\eta)}{dt}\right)^2 -2r\left(\frac{d^2(e\cdot\eta)}{dt^2}-\frac{d^2(e\cdot-\eta)}{dt^2}\right)\right\}$$

und die der beiden letzten:

$$-g\eta e \frac{D\sigma\, Ds}{16\cdot r^2}\left\{\left(\frac{d(-e\cdot-\eta)}{dt}\right)^2-\left(\frac{d(-e\cdot\eta)}{dt}\right)^2 -2r\left(\frac{d^2(-e\cdot-\eta)}{dt^2}-\frac{d^2(-e\cdot\eta)}{dt^2}\right)\right\}.$$

Die Summe beider vorstehenden Ausdrücke giebt die elektrodynamische Wirkung von $D\sigma$ auf Ds, und führt in ihrer weiteren Entwickelung zu den *Ampère*'schen Gesetzen. Die Differenz derselben mit einer Constanten h multiplicirt und mit dem

Cosinus der Neigung von r gegen Ds, d. i. mit $\dfrac{dr}{ds}$, giebt die elektromotorische Kraft, welche $D\sigma$ auf Ds ausübt. Ich bezeichne diese mit $\mathrm{E}_\eta D\sigma Ds$, und setze $gh = a^2$, so wird:

$$(4)\quad \mathrm{E}_\eta = \frac{-a^2 e\eta}{16 r^2}\left\{\begin{aligned}&\left(\frac{d(e\cdot\eta)}{dt}\right)^2 + \left(\frac{d(-e\cdot\eta)}{dt}\right)^2 - \left(\frac{d(e\cdot-\eta)}{dt}\right)^2 - \left(\frac{d(-e\cdot-\eta)}{dt}\right)^2 \\ &- 2r\left\{\frac{d^2(e\cdot\eta)}{dt^2} + \frac{d^2(-e\cdot\eta)}{dt^2} - \frac{d^2(e\cdot-\eta)}{dt^2} - \frac{d^2(-e\cdot-\eta)}{dt^2}\right\}\end{aligned}\right\}\frac{dr}{ds}.$$

Um diese Formel sogleich auf den allgemeinsten Inductionsfall anzuwenden, nenne ich ω und o die Wege, auf welchen die Elemente der Strombahnen $D\sigma$ und Ds fortgeführt werden, $\delta\omega$ und δo bezeichnen die Elemente dieser Wege, sowie $\dfrac{d\omega}{dt}$ und $\dfrac{do}{dt}$ die Fortführungsgeschwindigkeiten.

Die Entfernung r der Elektricitäten in den beiden Bahnelementen $D\sigma$ und Ds ist eine Function der vier von einander unabhängigen Grössen σ, s, ω, o, die ihrerseits Functionen der Zeit t sind, sodass

$$\frac{dr}{dt} = \frac{dr}{d\sigma}\frac{d\sigma}{dt} + \frac{dr}{ds}\frac{ds}{dt} + \frac{dr}{d\omega}\frac{d\omega}{dt} + \frac{dr}{do}\frac{do}{dt}$$

[51] und

$$\begin{aligned}\frac{d^2r}{dt} =\ & \frac{d\sigma}{dt}\left\{\frac{d^2r}{d\sigma^2}\frac{d\sigma}{dt} + \frac{d^2r}{ds\,d\sigma}\frac{ds}{dt} + \frac{d^2r}{d\omega\,d\sigma}\frac{d\omega}{dt} + \frac{d^2r}{do\,d\sigma}\frac{do}{dt}\right\} \\ & + \frac{ds}{dt}\left\{\frac{d^2r}{d\sigma\,ds}\frac{d\sigma}{dt} + \frac{d^2r}{ds^2}\frac{ds}{dt} + \frac{d^2r}{d\omega\,ds}\frac{d\omega}{dt} + \frac{d^2r}{do\,ds}\frac{do}{dt}\right\} \\ & + \frac{d\omega}{dt}\left\{\frac{d^2r}{d\sigma\,d\omega}\frac{d\sigma}{dt} + \frac{d^2r}{ds\,d\omega}\frac{ds}{dt} + \frac{d^2r}{d\omega^2}\frac{d\omega}{dt} + \frac{d^2r}{do\,d\omega}\frac{do}{dt}\right\} \\ & + \frac{do}{dt}\left\{\frac{d^2r}{d\sigma\,do}\frac{d\sigma}{dt} + \frac{d^2r}{ds\,do}\frac{ds}{dt} + \frac{d^2r}{d\omega\,do}\frac{d\omega}{dt} + \frac{d^2r}{do^2}\frac{do}{dt}\right\} \\ & + \frac{dr}{d\sigma}\frac{d^2\sigma}{dt^2} + \frac{dr}{ds}\frac{d^2s}{dt^2} + \frac{dr}{d\omega}\frac{d^2\omega}{dt} + \frac{dr}{do}\frac{d^2o}{dt^2}.\end{aligned}$$

Man erhält hieraus die ersten und zweiten Differentialquotienten von $(e\cdot\eta)$, wenn man beide Stromgeschwindigkeiten $\dfrac{ds}{dt}$ und $\dfrac{d\sigma}{dt}$

und ihre Differentialquotienten $\frac{d^2s}{dt^2}$ und $\frac{d^2\sigma}{dt^2}$ positiv nimmt, diejenigen von $(-e\cdot\eta)$, wenn dem $\frac{ds}{dt}$ und $\frac{d^2s}{dt^2}$ das negative Vorzeichen gegeben wird, während $\frac{d\sigma}{dt}$ und $\frac{d^2\sigma}{dt^2}$ positiv bleiben. Allgemein erhält man diese beiden Differentialquotienten von $(\pm e \cdot \pm \eta)$, wenn man in vorstehenden Ausdrücken von $\frac{dr}{dt}$ und $\frac{d^2r}{dt^2}$ statt $\frac{ds}{dt}$, $\frac{d^2s}{dt^2}$, $\frac{d\sigma}{dt}$, $\frac{d^2\sigma}{dt^2}$ respective setzt: $\pm\frac{ds}{dt}$, $\pm\frac{d^2s}{dt^2}$, $\pm\frac{d\sigma}{dt}$ und $\pm\frac{d^2\sigma}{dt^2}$. Dies giebt

$$\left(\frac{d(e\cdot\eta)}{dt}\right)^2 + \left(\frac{d(-e\cdot\eta)}{dt}\right)^2 - \left(\frac{d(e\cdot-\eta)}{dt}\right)^2 - \left(\frac{d(-e\cdot-\eta)}{dt}\right)^2$$
$$= 8\left\{\frac{dr}{do}\frac{do}{dt} + \frac{dr}{d\omega}\frac{d\omega}{dt}\right\}\frac{dr}{d\sigma}\frac{d\sigma}{dt}$$

und

$$\frac{d^2(e\cdot\eta)}{dt^2} + \frac{d^2(-e\cdot\eta)}{dt^2} - \frac{d^2(e\cdot-\eta)}{dt^2} - \frac{d^2(-e\cdot-\eta)}{dt^2}$$
$$= 8\left\{\frac{d^2r}{do\,d\sigma}\frac{do}{dt} + \frac{d^2r}{d\omega\,d\sigma}\frac{d\omega}{dt}\right\}\frac{d\sigma}{dt} + 4\frac{dr}{d\sigma}\frac{d^2\sigma}{dt^2}.$$

Diese Werthe in (4) substituirt geben:

(5) $\quad E_\eta = \frac{a^2 e\eta}{r^2}\frac{d\sigma}{dt}\left\{\begin{array}{l}\left(r\frac{d^2r}{d\sigma\,d\omega} - \frac{1}{2}\frac{dr}{d\sigma}\frac{dr}{d\omega}\right)\frac{dr}{ds}\frac{d\omega}{dt}\\ +\left(r\frac{d^2r}{d\sigma\,do} - \frac{1}{2}\frac{dr}{d\sigma}\frac{dr}{do}\right)\frac{dr}{ds}\frac{do}{dt}\end{array}\right\}$

$\qquad\qquad + \frac{1}{2}\frac{a^2 e\eta}{r}\frac{dr}{d\sigma}\frac{dr}{ds}\frac{d^2\sigma}{dt^2}$

oder, wenn nach (2) $\eta\frac{d\sigma}{dt} = j$ gesetzt wird und $\quad$ [**52**]

(6) $\qquad\qquad\qquad \eta\frac{d^2\sigma}{dt^2} = \frac{dj}{dt}$,

und zugleich statt $a^2 e$ der Buchstabe ε eingeführt wird,

$$\text{(7a)} \quad E_\eta = \frac{\varepsilon j}{r^2} \left\{ \begin{array}{l} \left(r \dfrac{d^2 r}{d\sigma\, d\omega} - \tfrac{1}{2} \dfrac{dr}{d\sigma} \dfrac{dr}{d\omega} \right) \dfrac{d\omega}{dt} \\ + \left(r \dfrac{d^2 r}{d\sigma\, do} - \tfrac{1}{2} \dfrac{dr}{d\sigma} \dfrac{dr}{do} \right) \dfrac{do}{dt} \end{array} \right\} \dfrac{dr}{ds}$$
$$+ \tfrac{1}{2} \frac{\varepsilon}{r} \frac{dj}{dt} \frac{dr}{d\sigma} \frac{dr}{ds}.$$

Man ersieht aus diesem Ausdruck für E_η, dass die elektromotorische Kraft, welche das Stromelement $j\, D\sigma$ auf Ds ausübt, unabhängig ist von der Stromgeschwindigkeit in Ds oder von der Stromstärke dieses Elements, deshalb denken wir uns diese $= 0$, und nennen Ds das **Leiterelement**, im Gegensatz von $D\sigma$, welches das **Stromelement** genannt wird.

Die von dem Stromstück ς in dem Leiterstück s in dem Zeitraum von $t_{\prime}$ bis $t_{\prime\prime}$ inducirte elektromotorische Kraft, welche ich mit F bezeichne, erhält man durch die Integration von $E_\eta\, D\sigma\, Ds\, \delta t$ nach $D\sigma$, Ds und δt zwischen den Grenzen der Stücke ς, s und des Zeitintervalls $t_{\prime\prime} - t_{\prime}$. Es ist also:

$$\text{(7b)} \quad F = \Sigma \mathsf{S} \int E_\eta\, D\sigma\, Ds\, \delta t.$$

Der einfachste Fall ist ersichtlich der, wo weder die Strom- noch die Leiterelemente eine Ortsveränderung erleiden, also $\dfrac{d\omega}{dt} = 0$ und $\dfrac{do}{dt} = 0$ ist, die Induction demnach allein durch eine Intensitätsveränderung des Stroms in ς hervorgebracht wird. In diesem Falle wird

$$\text{(8)} \quad F = \tfrac{1}{2} \varepsilon \, \Sigma \mathsf{S} \int \frac{1}{r} \frac{dr}{d\sigma} \frac{dr}{ds} \frac{dj}{dt} D\sigma\, Ds\, \delta t.$$

Es sei ς ein einfach geschlossener Stromumgang, so dass j innerhalb desselben constant, allein von t abhängt; die nach δt ausgeführte Integration giebt dann, wenn $j_{\prime}$ und $j_{\prime\prime}$ die Stromstärken von ς zur Zeit $t_{\prime}$ und $t_{\prime\prime}$ bezeichnen,

$$\text{(9)} \quad F = \tfrac{1}{2} \varepsilon (j_{\prime\prime} - j_{\prime}) \, \Sigma \mathsf{S} \, \frac{1}{r} \frac{dr}{d\sigma} \frac{dr}{ds} D\sigma\, Ds,$$

wofür man nach der Auseinandersetzung, welche in § 1 bei Ableitung der Gleichung (13) aus (12) gemacht ist, setzen kann [**53**]

(10) $\quad F = -\tfrac{1}{2}\varepsilon\,(j_{\prime\prime}-j_{\prime})\,\Sigma S\,\dfrac{1}{r}\cos(D\sigma\cdot Ds)\,D\sigma\,Ds.$

Ist der Inducent ein verzweigter Strom, so zerlegen wir ihn in einfache Umgänge; einer dieser Umgänge sei ν, der in ihm fliessende Strom habe die Stärke j_ν, und zur Zeit $t_\prime$ und $t_{\prime\prime}$ sei diese $j_{\nu\prime}$ und $j_{\nu\prime\prime}$. Die durch ν in s inducirte elektromotorische Kraft ist:

$$F_\nu = -\tfrac{1}{2}\varepsilon\,(j_{\nu\prime\prime}-j_{\nu\prime})\,\Sigma S\,\dfrac{1}{r}\cos(D\nu\cdot Ds)\,D\nu\,Ds$$

und die durch den ganzen Inducenten inducirte:

(11) $\quad F = -\tfrac{1}{2}\varepsilon\mathfrak{S}\cdot(j_{\nu\prime\prime}-j_{\nu\prime})\,\Sigma S\,\dfrac{1}{r}\cos(D\nu\cdot Ds)\,D\nu\,Ds$

wo die durch $\mathfrak{S}\cdot$ bezeichnete Summe über alle einfachen Umgänge, welche den Inducenten zusammensetzen, auszudehnen ist.

Da s, sofern ein inducirter Strom zu Stande kommen soll, ein geschlossener Umgang ist, irgend einer derjenigen, welche, wenn der inducirte Leiter verzweigt ist, aus seinen Zweigen gebildet werden können, so kann man statt (10) schreiben

(12) $\quad F = \varepsilon\,(j_{\prime\prime}-j_{\prime})\,P(\varsigma\cdot s)$

und statt (11)

(13) $\quad F = \varepsilon\mathfrak{S}\cdot(j_{\nu\prime\prime}-j_{\nu\prime})\,P(\nu\cdot s) = \varepsilon\{Q(\varsigma_{\prime\prime}\cdot s) - Q(\varsigma_{\prime}\cdot s)\},$

wo $P(\varsigma\cdot s)$ das Potential von ς in Bezug auf s bezeichnet, beide Umgänge von der Stromeinheit durchströmt gedacht, und $Q(\varsigma_\prime\cdot s)$ und $Q(\varsigma_{\prime\prime}\cdot s)$ das Potential des Inducenten im Anfangs- und Endzustand in Bezug auf den von der Stromeinheit durchströmten Leiterumgang s.

Betrachten wir jetzt den Fall, wo die Induction allein durch Ortsveränderung der Leiterelemente Ds erregt wird, die unter dem Einfluss eines ruhenden und constanten Stroms stattfindet. Da in diesem Falle $\dfrac{dj}{dt}=0$ und $\dfrac{d\omega}{dt}=0$, so erhält man aus (7a) und (7b), wenn statt der Integration nach ∂t die nach ∂o eingeführt wird:

(14) $\quad F = \varepsilon j\,\Sigma S\int\partial o\,\dfrac{Ds\,D\sigma}{r^2}\left\{r\dfrac{d^2r}{d\sigma\,do} - \tfrac{1}{2}\dfrac{dr}{d\sigma}\dfrac{dr}{do}\right\}\dfrac{dr}{ds}.$

Durch das entsprechende Verfahren, mittelst dessen in § 1

aus der Gleichung (6) die Gleichung (10) abgeleitet wurde, erhält man hieraus, wenn [54] die Grenzen der Integration nach $\mathfrak{d}o$, Ds und $D\sigma$ respective mit $o_{\prime}$, $o_{\prime\prime}$, $s_{\prime}$, $s_{\prime\prime}$ und $\sigma_{\prime}$, $\sigma_{\prime\prime}$ bezeichnet werden,

(15)
$$F = \tfrac{1}{2}\varepsilon j \, \mathsf{S}\!\int_{\sigma_{\prime}}^{\sigma_{\prime\prime}}\!\left[\frac{1}{r}\frac{dr}{do}\frac{dr}{ds}\right]Ds\,\mathfrak{d}o$$
$$+ \tfrac{1}{2}\varepsilon j \, \Sigma\mathsf{S}\!\int_{o_{\prime}}^{o_{\prime\prime}}\!\left[\frac{1}{r}\frac{dr}{d\sigma}\frac{dr}{ds}\right]Ds\,D\sigma$$
$$- \tfrac{1}{2}\varepsilon j \, \Sigma\!\int_{s_{\prime}}^{s_{\prime\prime}}\!\left[\frac{1}{r}\frac{dr}{d\sigma}\frac{dr}{do}\right]D\sigma\,\mathfrak{d}o,$$

wo die Klammern [ ] dieselbe Bedeutung haben als in (10) § 1.

Da der ruhende Inducent keine Gleitstellen besitzt, so ist die Integration nach $D\sigma$ über den ganzen Stromumgang auszudehnen, sei es, dass dieser für sich den Inducenten bildet, oder, dass er einer der ihn zusammensetzenden Stromumgänge ist. Es fällt also hier immer $\sigma_{\prime}$ mit $\sigma_{\prime\prime}$ zusammen, und daher

(16)
$$F = \tfrac{1}{2}\varepsilon j \, \Sigma\mathsf{S}\!\int_{o_{\prime}}^{o_{\prime\prime}}\!\left[\frac{1}{r}\frac{dr}{d\sigma}\frac{dr}{ds}\right]D\sigma\,Ds$$
$$- \tfrac{1}{2}\varepsilon j \, \Sigma\!\int_{s_{\prime}}^{s_{\prime\prime}}\!\left[\frac{1}{r}\frac{dr}{d\sigma}\frac{dr}{do}\right]D\sigma\,\mathfrak{d}o.$$

Erinnert man sich, dass die inducirte elektromotorische Kraft F unter der Voraussetzung, dass $j = 1$ ist, durch E in § 1 bezeichnet wurde, so sieht man, dass die vorstehende Gleichung mit der in (11) § 1 völlig übereinstimmt, und sie also auch identisch mit der in (28) daselbst ist, d. i. mit

(17) $$F = \varepsilon\{Q(\varsigma\cdot\mathsf{s}_{\prime\prime}) - Q(\varsigma\cdot\mathsf{s}_{\prime})\}.$$

Gehen wir jetzt zur Betrachtung eines dritten Falles, in welchem der inducirte Leiter ruht, und die Induction durch die Verschiebung der Elemente eines constanten Stroms erregt wird. Da hier $\dfrac{do}{dt} = 0$ und $\dfrac{dj}{dt} = 0$, so erhält man aus (7a) und

(7b), wenn, wie ich zunächst annehme, der Inducent unverzweigt ist: [55]

$$(18) \quad F = \varepsilon j \, \Sigma \mathfrak{S} \int \delta\omega \, \frac{Ds\, D\sigma}{r^2} \left\{ r \frac{d^2 r}{d\sigma\, d\omega} - \tfrac{1}{2} \frac{dr}{d\sigma} \frac{dr}{d\omega} \right\} \frac{dr}{ds}.$$

Dies dreifache Integral lässt sich wie das entsprechende in (14) auf ein Aggregat von Doppelintegralen zurückführen, welches man aus (15) erhält, wenn darin statt o, $o_{\prime}$, $o_{\prime\prime}$ gesetzt wird: ω, $\omega_{\prime}$, $\omega_{\prime\prime}$; aus diesem Aggregat verschwindet das Glied

$$- \tfrac{1}{2} \varepsilon j \, \Sigma \int \left[\frac{1}{r} \frac{dr}{d\sigma} \frac{dr}{d\omega} \right]_{s_{\prime}}^{s_{\prime\prime}} D\sigma \, \delta\omega,$$ weil die Integration nach Ds

in (18) auf den geschlossenen Umgang s auszudehnen ist, da in ihm als einem ruhenden Umgang keine Gleitstellen vorhanden sind. Demnach ergiebt sich aus (18)

$$(19) \quad F = \tfrac{1}{2} \varepsilon j \, \Sigma \mathfrak{S} \left[\frac{1}{r} \frac{dr}{d\sigma} \frac{dr}{ds} \right]_{\omega_{\prime}}^{\omega_{\prime\prime}} D\sigma\, Ds$$
$$+ \tfrac{1}{2} \varepsilon j \, \mathfrak{S} \int \left[\frac{1}{r} \frac{dr}{ds} \frac{dr}{d\omega} \right]_{\sigma_{\prime}}^{\sigma_{\prime\prime}} Ds\, \delta\omega.$$

Dieser Ausdruck verwandelt sich, wenn in ς keine Gleitstellen vorhanden sind, weil dann $\sigma_{\prime}$ mit $\sigma_{\prime\prime}$ zusammenfällt, in

$$(20) \quad F = \tfrac{1}{2} \varepsilon j \, \Sigma \mathfrak{S} \left[\frac{1}{r} \frac{dr}{d\sigma} \frac{dr}{ds} \right]_{\omega_{\prime}}^{\omega_{\prime\prime}} D\sigma\, Ds,$$

was gleichbedeutend ist mit

$$(21) \quad F = \varepsilon \{ Q(\varsigma_{\prime\prime} \cdot \mathrm{s}) - Q(\varsigma_{\prime} \cdot \mathrm{s}) \}.$$

Zu demselben Resultat gelangt man, wenn der Inducent auf beliebige Weise verzweigt ist, unter der Voraussetzung, dass er keine Intensitätsveränderung erleidet und keine Gleitstellen besitzt. Man hat ihn in diesem Falle in einfache Umgänge zu zerlegen, für jeden derselben gilt die Gleichung (20) und die Summe dieser Gleichungen giebt den Ausdruck (21).

Die Uebereinstimmung der Formeln (13), (17) und (21) mit denen in den früheren Paragraphen ist vollständig. Anders verhält es sich mit der Gleichung (19), welche die von einem einfachen Stromumgang inducirte elektromotorische Kraft unter der Annahme ausdrückt, dass derselbe aus einem bewegten Leiterstück mit den Grenzen $\sigma_{,}$ und $\sigma_{,,}$ und einem ruhenden besteht. Die dieser Gleichung entsprechende, wie sie aus meinem Inductionsgesetz [56] sich ergiebt, wird aus der Gleichung (5) in § 2 abgeleitet, indem diese auf Doppelintegrale zurückgeführt wird. Man erhält aus derselben:

(22)
$$E = \tfrac{1}{2}\varepsilon \Sigma \mathbf{S}\left[\frac{1}{r}\frac{dr}{d\sigma}\frac{dr}{ds}\right]_{\omega_{,}}^{\omega_{,,}} D\sigma\, Ds$$
$$- \tfrac{1}{2}\varepsilon \mathbf{S}\int\left[\frac{1}{r}\frac{dr}{ds}\frac{dr}{d\omega}\right]_{\sigma_{,}}^{\sigma_{,,}} Ds\, \delta\omega\,.$$
$\mathfrak{N}$.

Die Vergleichung dieses Ausdrucks für E mit dem von $F = jE$ in (19) zeigt den wesentlichen Unterschied, dass die beiden letzten Doppelintegrale das entgegengesetzte Vorzeichen haben. Dieser Unterschied tritt am reinsten hervor, wenn man die beiden Formeln auf solche Inductionsfälle anwendet, in welchen die von den Stromelementen durchlaufenen Wege geschlossene Bahnen sind, d. h. wo jedes Stromelement zur Zeit $t_{,,}$ sich an demselben Ort befindet, von welchem es zur Zeit $t_{,}$ ausging; dann fallen $\omega_{,}$ und $\omega_{,,}$ zusammen und man hat nach (19)

(23)
$$F = \tfrac{1}{2}\varepsilon j\, \mathbf{S}\!\int\left[\frac{1}{r}\frac{dr}{ds}\frac{dr}{d\omega}\right]_{\sigma_{,}}^{\sigma_{,,}} Ds\, \delta\omega\,,$$
$\mathfrak{W}$.

dagegen nach (22)

(24)
$$F = jE = -\tfrac{1}{2}\varepsilon j\, \mathbf{S}\!\int\left[\frac{1}{r}\frac{dr}{ds}\frac{dr}{d\omega}\right]_{\sigma_{,}}^{\sigma_{,,}} Ds\, \delta\omega\,.$$
$\mathfrak{N}$.

Es ist also die Summe der elektromotorischen Kraft, welche während des Umlaufs der Elemente des Inducenten erregt wird, nach beiden Formeln dieselbe, die Richtung des inducirten Stroms aber die entgegengesetzte. Die Beobachtung entscheidet für die Formel (24). Es muss also untersucht werden, worin bei Ableitung der Formel (23) aus *Weber*'s Grundgesetz gefehlt worden ist. Der Umstand, dass der in Rede stehende Widerspruch nur bei Inducenten mit Gleitstellen eintritt, führt die Betrachtung sogleich auf diese. Hier treten neue Elemente in die Strombahn ein, oder heraus, in welchen also die Stromstärke sich innerhalb einer sehr kurzen Zeit von 0 bis j oder von j bis 0 verändert, und die durch diese ihre Intensitätsveränderung einen inducirenden Effect ausüben, welcher in meinen Formeln schon enthalten [57] ist, der aber bei der Anwendung des *Weber*'schen Grundgesetzes noch berücksichtigt werden muss.

Um den Erfolg dieser Berücksichtigung in einem einfachen Beispiel kennen zu lernen, werde ich die elektromotorische Kraft bestimmen, welche hiernach zu dem durch (19) gegebenen Werth von F in dem in Fig. 8 dargestellten Inductionsfall noch hinzuzufügen ist.

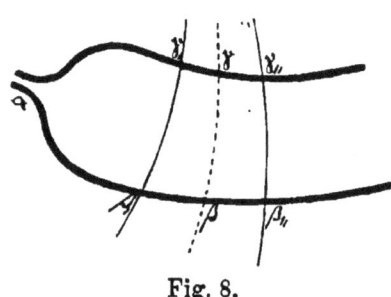

Fig. 8.

Hier stellt $\alpha\beta\gamma$ den inducirenden Strom vor, die Induction wird durch Fortführung des Bahnstücks $\beta\gamma$ aus der Anfangsposition $\beta_{\prime}\gamma_{\prime}$ in die Endposition $\beta_{\prime\prime}\gamma_{\prime\prime}$ erregt, wobei die Intensität des Stroms j unverändert bleiben soll. Die Endelemente dieses bewegten Stücks bei β und γ sollen dieselben bleiben, sie gleiten auf den ruhenden Unterlagen $\beta_{\prime}\beta_{\prime\prime}$ und $\gamma_{\prime}\gamma_{\prime\prime}$ und bringen deren Elemente nach und nach in die Strombahn. In jedem dieser Elemente wird in dem Augenblick seines Eintritts in diese Bahn ein Strom erregt, der in einer äusserst kurzen Zeit die Intensität j erreicht. Ich werde die Elemente von $\beta_{\prime}\beta_{\prime\prime}$ durch $\delta\beta$ und die von $\gamma_{\prime}\gamma_{\prime\prime}$ durch $\delta\gamma$ bezeichnen. Die elektromotorische Kraft, welche durch die Stromveränderung des Elements $\delta\beta$ von 0 bis j in dem Leiter s inducirt wird, ist $\delta\beta \int S E_\eta \, \delta t \, Ds$, worin der Werth von E_η aus (7a) zu setzen ist mit Rücksicht darauf, dass $\dfrac{d\omega}{dt} = 0$ und $\dfrac{do}{dt} = 0$ ist.

Dies giebt

$$\delta\beta \int S E_\eta \, \delta t \, Ds = \tfrac{1}{2} \varepsilon \delta\beta \int S \frac{1}{r} \frac{dr}{ds} \frac{dr}{d\beta} \frac{dj}{dt} \, \delta t \, Ds$$

oder, indem die Integration nach δt ausgeführt wird,

$$= \tfrac{1}{2} \varepsilon j \, \delta\beta \, S \frac{1}{r} \frac{dr}{ds} \frac{dr}{d\beta} \, Ds \, .$$

Vertauscht man hierin β mit γ, so erhält man den Ausdruck für die elektromotorische Kraft, welche in s durch die Stromveränderung des Elements $\delta\gamma$ von 0 bis j erregt wird. Von diesen Ausdrücken sind die Summen nach $\delta\beta$ zwischen $\beta_{,}$ und $\beta_{,,}$ und nach $\delta\gamma$ zwischen $\gamma_{,,}$ und $\gamma_{,}$ zu nehmen, um die durch die Unterlagen $\beta_{,}\beta_{,,}$ und $\gamma_{,}\gamma_{,,}$ inducirte elektromotorische Kraft zu erhalten; hierbei ist angenommen, dass der inducirende Strom in dem bewegten Bahnstück von β nach γ fliesse, und er also die erste Unterlage nach der Richtung von $\beta_{,}$ nach $\beta_{,,}$, die zweite in der Richtung von $\gamma_{,,}$ nach $\gamma_{,}$ durchströme. Diese Summen müssen zu dem in (19) für F gegebenen Werthe noch hinzuaddirt werden. Dies giebt [58]

$$(25)\quad \begin{aligned} F = &\; \tfrac{1}{2}\varepsilon j \boldsymbol{\Sigma}\mathbf{S}\left[\frac{1}{r}\frac{dr}{d\sigma}\frac{dr}{ds}\right]_{\omega_{,}}^{\omega_{,,}} D\sigma\, Ds \\ &+ \tfrac{1}{2}\varepsilon j\, \mathbf{S}\int\left[\frac{1}{r}\frac{dr}{ds}\frac{dr}{d\omega}\right]_{\sigma_{,}}^{\sigma_{,,}} Ds\, \delta\omega \qquad \mathfrak{W}_1. \\ &+ \tfrac{1}{2}\varepsilon j\int_{\beta_{,}}^{\beta_{,,}}\!\!\mathbf{S}\,\frac{1}{r}\frac{dr}{d\beta}\frac{dr}{ds}\,\delta\beta\, Ds - \tfrac{1}{2}\varepsilon j\int_{\gamma_{,}}^{\gamma_{,,}}\!\!\mathbf{S}\,\frac{1}{r}\frac{dr}{d\gamma}\frac{dr}{ds}\,\delta\gamma\, Ds \end{aligned}$$

und hieraus erhält man

$$(26)\qquad F = \tfrac{1}{2}\varepsilon j\, \boldsymbol{\Sigma}\mathbf{S}\left[\frac{1}{r}\frac{dr}{d\sigma}\frac{dr}{ds}\right]_{\omega_{,}}^{\omega_{,,}} D\sigma\, Ds, \qquad \mathfrak{W}_1.$$

da die übrigen Glieder sich zerstören. Denn indem man das Zeichen [ ] auflöst, ist $\mathbf{S}\int\left[\dfrac{1}{r}\dfrac{dr}{ds}\dfrac{dr}{d\omega}\right]_{\sigma_{,}}^{\sigma_{,,}} Ds\,\delta\omega =$

$$= \mathbf{S}\int_{\sigma_{,,}}\!\left(\frac{1}{r}\frac{dr}{ds}\frac{dr}{d\omega}\right) Ds\,\delta\omega - \mathbf{S}\int_{\sigma_{,}}\!\left(\frac{1}{r}\frac{dr}{ds}\frac{dr}{d\omega}\right) Ds\,\delta\omega$$

und hierin ist $\delta\omega$ in dem ersten Gliede das Element des Weges, welchen das Ende $\sigma_{,,}$ durchläuft, in dem zweiten Gliede ist $\delta\omega$ das Element des Weges, auf welchem das untere Ende $\sigma_{,}$ des bewegten Bahnstücks $\beta\gamma$ bewegt wird. Diese Wegeelemente sind aber respective identisch mit $\delta\gamma$ und $\delta\beta$, so dass man auch schreiben kann: $\mathbf{S}\int\left[\dfrac{1}{r}\dfrac{dr}{ds}\dfrac{dr}{d\omega}\right]_{\sigma_{,}}^{\sigma_{,,}} Ds\,\delta\omega =$

$$= \mathsf{S}\int \frac{1}{r}\frac{dr}{ds}\frac{dr}{d\gamma} Ds\,\delta\gamma - \mathsf{S}\int \frac{1}{r}\frac{dr}{ds}\frac{dr}{d\beta} Ds\,\delta\beta\,.$$

Setzt man diesen Werth in (25), so ergiebt sich die Gleichung (26). Wenden wir diese Gleichung (26) auf den oben behandelten Fall an, in welchem die Elemente des bewegten Bahnstücks geschlossene Bahnen durchlaufen, so finden wir für die elektromotorische Kraft, welche während eines ganzen Umlaufs des Bahnstücks in s erregt wird, statt des Ausdrucks in (23) diesen:

(27) $\qquad\qquad\qquad F = 0,\qquad\qquad$ 𝔚$_1$.

[59] da jetzt für alle Elemente $D\sigma$ gleichzeitig $\omega_{\prime}$ mit $\omega_{\prime\prime}$ zusammenfallen.

Zwischen den dreierlei Ausdrücken für die in einem bestimmten Falle inducirte elektromotorische Kraft in (23), (24) und (27) musste durch die Erfahrung entschieden werden. Ich sagte bereits, dass diese zu Gunsten meiner Formel in (24) entschieden habe. Ich werde, obgleich ich die Beschreibung von Experimenten aus dieser Abhandlung ausgeschlossen habe, in diesem Falle, wegen seiner Wichtigkeit, die Vorrichtung, deren ich mich zur Prüfung der in Rede stehenden Formeln bedient habe, in kurzen Umrissen angeben.

In Fig. 9 ist ein Theil des Schliessungsdrahts einer galvanischen Kette α ringförmig $\beta\gamma\delta$ gebogen; das Ende δ dieses Ringes reicht sehr nahe an seinen Anfang β, ohne mit ihm in leitender Verbindung zu stehen. Eine im Mittelpunkt des Ringes senkrecht auf seiner Ebene stehende rotirende Axe $\varepsilon\eta$ führt das bewegliche Bahnstück $\varepsilon\gamma$ mit sich im Kreise herum und zwar so, dass sein Ende in γ auf dem Ringe schleifend fortgeführt wird. Der inducirende Strom j tritt, von α kommend, bei β in den Ring und bei γ aus ihm heraus in das bewegliche Bahnstück, aus diesem in die leitende Axe $\varepsilon\eta$, bei η kehrt er durch die ruhende Drahtleitung $\eta\zeta$ nach α zurück. Diese Richtung

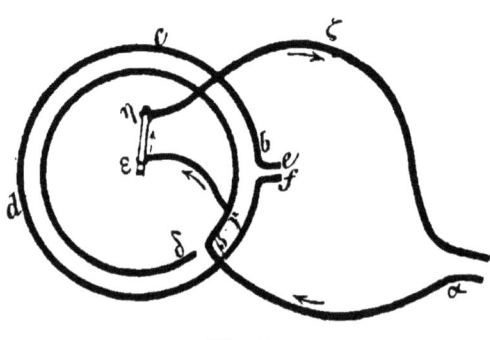

Fig. 9.

des Stroms ist durch die Pfeile in der Figur angedeutet. Concentrisch um den Ring liegt ein kreisförmiger Leiter bcd, in welchem durch die Bewegung des Bahnstücks $\varepsilon\gamma$ ein Strom inducirt wird. Wenn das bewegliche Bahnstück von β über γ bis δ fortgeführt ist, kann die Bahn desselben, wegen der geringen Entfernung von δ bis β, als geschlossen angesehen werden, und deshalb können die in (23), (24), (27) gegebenen Formeln zur Bestimmung der während eines Umlaufs entwickelten elektromotorischen Kraft angewandt werden. In Beziehung auf die Formeln in (23) und (24) muss man bemerken, dass das mit $\sigma_{\prime\prime}$ bezeichnete Ende des beweglichen Bahnstücks $\gamma\varepsilon$ das in der rotirenden Axe $\varepsilon\eta$ liegende Ende ε ist, in Beziehung auf welches also $\delta\omega = 0$ ist. Demnach verwandelt sich (23) in

(28) $$F = -\tfrac{1}{2}\varepsilon j \, \mathsf{S}\int \frac{1}{r}\frac{dr}{ds}\frac{dr}{d\omega} Ds\,\delta\omega \qquad \mathfrak{W}.$$

und meine Formel in (24) in

(29) $$F = \tfrac{1}{2}\varepsilon j \, \mathsf{S}\int \frac{1}{r}\frac{dr}{ds}\frac{dr}{d\omega} Ds\,\delta\omega, \qquad \mathfrak{N}.$$

60] während die Formel (27)

(29a) $$F = 0 \qquad \mathfrak{W}_1.$$

giebt. In den vorstehenden Integralen ist $\delta\omega$ das Element des Ringes $\beta\gamma\delta$, und die Integration nach diesem Element ist auf den ganzen Ring auszudehnen.

Aus der Formel (29), welche für F das mit ε multiplicirte Potential des vom Strome j durchströmten Ringes $\beta\gamma\delta$ in Bezug auf den von der Stromeinheit durchströmten Leiter giebt, folgt eine negative Richtung des inducirten Stroms bcd, dessen positive Richtung in demselben Sinne wie bei dem inducirenden Strome, nämlich von b nach c gerechnet, dagegen (28) zwar dieselbe elektromotorische Kraft, aber die entgegengesetzte Stromrichtung giebt. Um Richtung und Grösse des inducirten Stroms zu beobachten, war folgende Einrichtung getroffen. Der inducirte kreisförmige Leiter war bei b unterbrochen, und hier mit zwei Fortsätzen e und f versehen, von denen einer unmittelbar mit dem einen Ende des Multiplicatordrahts in Verbindung stand, der andere aber zu einer Metallfeder ging, welche in schleifender Berührung mit einer Metallhülse stand, die isolirt auf die rotirende Axe $\varepsilon\eta$ gesteckt war. Der inducirte Strom ging also durch diese Feder in die Hülse, trat aus dieser durch eine zweite gegen sie drückende Metallfeder wieder heraus, und ging aus dieser zu dem anderen Ende des Multiplicatordrahts. Die Hülse hatte einen Ausschnitt, der mit Holz ausgefüllt war, auf welcher die eine Feder in dem Augenblick lag, als das bewegliche Bahnstück $\gamma\varepsilon$ bei δ den Ring $\beta\gamma\delta$ verliess, um bei β von Neuem mit ihm in leitende Verbindung zu treten. In diesem Augenblick nämlich wird die Schliessung des Inducenten unterbrochen, und wieder hergestellt, es verschwindet sein Strom, und tritt wieder auf, dadurch wird aber in dem Leiter keine Induction erregt, weil er ihr, nach der eben angegebenen Vorrichtung, keine geschlossene leitende Bahn darbietet. Zum Multiplicator gelangt also nur der durch die Bewegung des Bahnstücks $\gamma\varepsilon$ inducirte Strom, und lässt, da er bei fortgesetzter Drehung der Axe $\varepsilon\eta$ immer in derselben Richtung fliesst, Richtung und Intensität beobachten. Die Beobachtung zeigte gegen die Formel (27) einen inducirten Strom, und, was die Richtung desselben betrifft, gab sie dieselbe, so wie meine Formel in (29) es fordert. Um zu beweisen, dass durch diese Formel nicht bloss die Richtung, sondern auch die Stärke des inducirten Stromes richtig ausgedrückt wird, wurde auf folgende Weise verfahren. Die Feder, welche die leitende Verbindung in der inducirten Strombahn unterbrach, wurde soviel höher [61] gestellt, dass sie den mit Holz ausgefüllten Ausschnitt der Hülse, durch den eben die Unterbrechung bewirkt wurde, nicht mehr traf. Den inducirten Strömen wird jetzt immer eine geschlossene Bahn geboten. Zum Multiplicator gelangen, bei fortgesetzter rascher Drehung der Axe $\varepsilon\eta$, drei Ströme innerhalb sehr kurzer Zeit, nämlich der durch die Bewegung des Bahnstücks $\varepsilon\gamma$ inducirte, dann der durch das Verschwinden des inducirenden Stroms inducirte, in dem Moment, wo das bewegliche Bahnstück den Ring bei δ verlässt, und endlich der durch sein Wiederauftreten inducirte, sobald das Stück den Ring in β wieder erreicht. Die Kraft, welche von diesen drei Strömen während der kurzen Dauer eines Umlaufs des Bahnstücks $\varepsilon\gamma$ auf die Magnetnadel des Multiplicators ausgeübt wird, ist mit der Summe ihrer elektromotorischen Kräfte proportional; je nachdem das Vorzeichen dieser Summe positiv oder negativ ist, wird die Nadel auf der einen Seite oder der anderen des Meridians ihre beinahe feste Stellung nehmen, oder sie wird, wenn jene Summe $= 0$ ist, in ihrer Stellung im Meridian verharren.

Den Ausdruck für die durch das Verschwinden des Stroms

inducirte elektromotorische Kraft erhält man aus (9), wenn darin
$j_{//} = 0$, $j_{/} = j$ gesetzt wird; dies giebt

$$ -\tfrac{1}{2} \varepsilon j \cdot \boldsymbol{\Sigma S} \, \frac{1}{r} \frac{dr}{d\sigma} \frac{dr}{ds} D\sigma \, Ds. $$

Dieselbe Gleichung (9), wenn darin $j_{//} = j$ und $j_{/} = 0$ gesetzt wird, giebt die durch Wiederauftreten des inducirenden Stroms erregte elektromotorische Kraft

$$ \tfrac{1}{2} \varepsilon j \boldsymbol{\Sigma S} \, \frac{1}{r} \frac{dr}{d\sigma} \frac{dr}{ds} D\sigma \, Ds. $$

In dem ersten Ausdruck ist die Integration nach $D\sigma$ über die ganze inducirende Strombahn, einschliesslich ihres ringförmigen Theils auszudehnen, in dem zweiten ist dieser ringförmige Theil auszuschliessen. Daher giebt die Summe dieser beiden Ausdrücke ein entsprechendes Doppelintegral, in welchem die Integration nach $D\sigma$ auf die Elemente des Ringes $\beta\gamma\delta$ zu beschränken ist. Setzt man, um dies zu bezeichnen, in dieser Summe statt $D\sigma$ und Σ respective $\delta\omega$ und $\int$, so ist dieselbe

30) $$ -\tfrac{1}{2} \varepsilon j \cdot \boldsymbol{S} \int \frac{1}{r} \frac{dr}{ds} \frac{dr}{d\omega} Ds \, \delta\omega. $$

[62] Addirt man diese elektromotorische Kraft zu derjenigen, welche durch die Bewegung eines Umlaufes des Bahnstücks $\varepsilon\gamma$ erregt ist, so geben die Formeln (28), (29) und (29a), als Summe der elektromotorischen Kräfte der drei aufgeführten Ströme, wenn diese Summe durch $F_{/}$ bezeichnet wird, respective

$$ F_{/} = -\varepsilon j \boldsymbol{S} \int \frac{1}{r} \frac{dr}{ds} \frac{dr}{d\omega} Ds \, \delta\omega, \qquad \mathfrak{W}. $$

$$ F_{/} = 0, \qquad \mathfrak{N}. $$

$$ F_{/} = -\tfrac{1}{2} \varepsilon j \boldsymbol{S} \int \frac{1}{r} \frac{dr}{ds} \frac{dr}{d\omega} Ds \, \delta\omega. \qquad \mathfrak{W}_1. $$

Die Beobachtung zeigt, dass, wenn die Drehung rasch geschieht, die Nadel im Meridian bleibt, also $F_{/} = 0$, wodurch die Richtigkeit meiner Formel in (24) sowohl in Beziehung auf die Richtung als die Stärke des inducirten Stroms erwiesen ist, da aus Beobachtungen anderer Art die Richtigkeit des Ausdrucks (30) festgestellt ist.

Weber's Grundgesetz der elektrischen Wirkung hat sich in so vielen und verschiedenartigen Fällen bewährt, dass dasselbe durch die vorstehenden Bemerkungen nicht zweifelhaft gemacht werden kann, vielmehr muss die Art, wie es auf den vorliegenden Fall zur Anwendung gebracht ist, in Zweifel gezogen werden. Bei weiterer Reflexion über diese Anwendung erregt der Gebrauch, welcher von der Gleichung (2) in (6) gemacht worden ist, Verdacht.

Folgende Betrachtung, die aber weniger durch ihre Evidenz, als durch ihren Erfolg gerechtfertigt wird, führt dahin, den Theil dieser Gleichung rechter Hand zu verdoppeln, wenn sie auf die Elemente in den Gleitstellen angewandt wird. Während des Zeitelements δt, in welchem ein Element der Gleitstelle in die Bahn des inducirenden Stroms eintritt, erlangt seine Elektricität den endlichen Zuwachs an Geschwindigkeit von 0 bis u. Dieser Zuwachs muss angesehen werden, als wäre er der Elektricität des Elements stetig ertheilt, so dass derselbe $\frac{1}{n} u$ nach Verlauf von $\frac{1}{n} \delta t$ ist, weil nach $\frac{1}{n} \delta t$ erst der $n$te Theil des Elements der Gleitstelle in die Strombahn eingetreten ist. Die Elektricität dieses Elements kann also angesehen werden, als durchliefe sie während δt den Weg $\frac{1}{2} u \delta t$. Die Stromstärke desselben Elements erfährt, während δt den endlichen Zuwachs von 0 bis j. Dieser Zuwachs ist proportional [63] mit der während δt durch das Element durchgeströmten Elektricitätsmenge, dividirt durch δt, oder proportional mit dem durch δt dividirten Wege, welchen die Elektricität des Elements während δt durchlaufen hat. Diesen Weg fanden wir $\frac{1}{2} u \delta t$, also ist $j = \frac{1}{2} \eta u = \frac{1}{2} \eta \frac{d\sigma}{dt}$.

Demnach ist in der Gleichung (5), sofern sie auf Elemente in den Gleitstellen angewandt wird, statt der Gleichung (6) zu setzen: $\eta \dfrac{d^2\sigma}{dt^2} = 2 \dfrac{dj}{dt}$.

Bringt man diese Bemerkung zur Anwendung auf den oben behandelten, in Fig. 8 (Seite 62) dargestellten Inductionsfall, so ist in (25) der Theil der elektromotorischen Kraft, welcher von der Intensitätsveränderung der Elemente der Unterlage herrührt, zu verdoppeln. Dies trifft die Glieder dieser Gleichung, welche unter den Integralzeichen die partiellen Differentiale von r nach β und γ haben. Dadurch entsteht aus (25) statt der Gleichung (26) die folgende

$$F = \tfrac{1}{2}\varepsilon j\, \Sigma S\left[\frac{1}{r}\frac{dr}{d\sigma}\frac{dr}{ds}\right]_{\omega\prime}^{\omega\prime\prime} D\sigma\, Ds$$

(31) $\mathfrak{W}_2$.

$$+ \tfrac{1}{2}\varepsilon j\int_{\beta\prime}^{\beta\prime\prime}\!\! S\,\frac{1}{r}\frac{dr}{d\beta}\frac{dr}{ds}\,\delta\beta\, Ds - \tfrac{1}{2}\varepsilon j\int_{\gamma\prime}^{\gamma\prime\prime}\!\! S\,\frac{1}{r}\frac{dr}{d\gamma}\frac{dr}{ds}\,\delta\gamma\, Ds,$$

welche, da

$$\tfrac{1}{2}\varepsilon j\int_{\beta\prime}^{\beta\prime\prime}\!\! S\,\frac{1}{r}\frac{dr}{d\beta}\frac{dr}{ds}\,\delta\beta\, Ds - \tfrac{1}{2}\varepsilon j\int_{\gamma\prime}^{\gamma\prime\prime}\!\! S\,\frac{1}{r}\frac{dr}{d\gamma}\frac{dr}{ds}\,\delta\gamma\, Ds$$

$$= -\tfrac{1}{2}\varepsilon j\, S\!\int_{\sigma\prime}^{\sigma\prime\prime}\!\!\left[\frac{1}{r}\frac{dr}{ds}\frac{dr}{d\omega}\right] Ds\, \delta\omega$$

ist, mit meiner Formel in (22) identisch ist, und also als durch die Erfahrung bestätigt angesehen werden kann.

Macht man bei der Bildung des allgemeinen Ausdrucks für die inducirte elektromotorische Kraft von der Bemerkung Gebrauch, welche der Gleichung (31) zu Grunde liegt, so kommt dies darauf hinaus, dass in (7a) statt des letzten Gliedes, welches den Factor $\dfrac{dj}{dt}$ enthält, in allen den Fällen, [64] wo dasselbe sich auf die Elemente bezieht, welche in den Gleitstellen nach und nach in die inducirende Strombahn eintreten oder heraustreten, dessen doppelter Werth gesetzt werden muss. Geschieht dies, so wird eine vollständige Uebereinstimmung zwischen den Inductionsformeln, die sich aus dem *Weber*'schen Grundgesetz der elektrischen Wirkungen ableiten, und meinem allgemeinen Inductionstheorem herbeigeführt. Diese Behauptung soll noch gerechtfertigt werden.

Betrachten wir den in Fig. 8 (Seite 62) vorgestellten Inductionsfall mit der Erweiterung, dass bei der Fortführung des Bahnstücks $\beta\gamma$ nach und nach mehr Elemente dieses Stücks in die Strombahn eintreten, und hierauf, wie ich der Einfachheit halber annehme, darin bleiben. Dann ist in (25), wenn das Glied

$$\tfrac{1}{2}\varepsilon j\, \Sigma S\left[\frac{1}{r}\frac{dr}{d\sigma}\frac{dr}{ds}\right]_{\omega\prime}^{\omega\prime\prime} D\sigma\, Ds \quad \text{alle die Elemente des bewegten}$$

Bahnstücks umfasst, welche vom Anfange bis zum Ende ihrer Bewegung innerhalb der Strombahn sich befinden, zu diesem

Gliede noch in Beziehung auf die Elemente dieses Stücks $\beta\gamma$. welche erst, nachdem sie den Weg ω beschrieben haben, in die Strombahn eintreten, zu addiren die Grösse:

$$+ \tfrac{1}{2} \varepsilon j\, \Sigma \mathsf{S} \left[\frac{1}{r} \frac{dr}{d\sigma} \frac{dr}{ds} \right]_{\omega}^{\omega_{\prime\prime}} D\sigma\, Ds$$

und, wegen der Stromerregung in ihnen,

$$\varepsilon j\, \Sigma \mathsf{S} \left(\frac{1}{r} \frac{dr}{d\sigma} \frac{dr}{ds} \right)_{\omega} D\sigma\, Ds.$$

Die Summe dieser beiden Grössen ist:

$$\tfrac{1}{2} \varepsilon j\, \Sigma \mathsf{S} \left(\frac{1}{r} \frac{dr}{d\sigma} \frac{dr}{ds} \right)_{\omega_{\prime\prime}} D\sigma\, Ds + \tfrac{1}{2} \varepsilon j\, \Sigma \mathsf{S} \left(\frac{1}{r} \frac{dr}{d\sigma} \frac{dr}{ds} \right)_{\omega} D\sigma\, Ds.$$

Die Parenthesen ( ) mit ihren Indices $\omega_{\prime\prime}$ und ω bezeichnen, dass die Elemente $D\sigma$, auf welche die eingeschlossene Grösse sich bezieht, respective in ihren Endpositionen sich befinden, oder eben die Gleitstellen erreicht haben. Addirt man zu dem vorstehenden Ausdruck das zweite Glied in (25), nämlich [65]

$$\tfrac{1}{2} \varepsilon j\, \mathsf{S}\!\int \left[\frac{1}{r} \frac{dr}{ds} \frac{dr}{d\omega} \right]_{\sigma_{,}}^{\sigma_{\prime\prime}} D\sigma\, \delta\omega,$$ und nennt π und $\delta\pi$ die Unterlage der Gleitstelle und ihr Element, so erhält man

$$\tfrac{1}{2} \varepsilon j\, \Sigma \mathsf{S} \left(\frac{1}{r} \frac{dr}{d\sigma} \frac{dr}{ds} \right)_{\omega_{\prime\prime}} D\sigma\, Ds + \tfrac{1}{2} \varepsilon j\, \mathsf{S}\!\int \left[\frac{1}{r} \frac{dr}{ds} \frac{dr}{d\pi} \right]_{\sigma_{,}}^{\sigma_{\prime\prime}} Ds\, \delta\pi.$$

Wird hierzu endlich der doppelte Werth der beiden letzten Glieder in (25), nämlich

$$\varepsilon j\!\int_{\beta_{,}}^{\beta_{\prime\prime}} \mathsf{S}\, \frac{1}{r} \frac{dr}{d\beta} \frac{dr}{ds}\, \delta\beta\, Ds - \varepsilon j\!\int_{\gamma_{,}}^{\gamma_{\prime\prime}} \mathsf{S}\, \frac{1}{r} \frac{dr}{d\gamma} \frac{dr}{ds}\, \delta\gamma\, Ds$$

$$= -\,\varepsilon j\, \mathsf{S}\!\int \left[\frac{1}{r} \frac{dr}{ds} \frac{dr}{d\pi} \right]_{\sigma_{,}}^{\sigma_{\prime\prime}} Ds\, \delta\pi$$

und das erste Glied daselbst $\frac{1}{2}\varepsilon j \, \Sigma S \left[\dfrac{1}{r}\dfrac{dr}{d\sigma}\dfrac{dr}{ds}\right]^{\omega_{,,}} D\sigma\, Ds$ in der vorher angegebenen Beschränkung addirt, so erhält man

$$F = \tfrac{1}{2}\varepsilon j\, \Sigma S \left[\dfrac{1}{r}\dfrac{dr}{d\sigma}\dfrac{dr}{ds}\right]_{\omega_,}^{\omega_{,,}} D\sigma\, Ds$$
$$- \tfrac{1}{2}\varepsilon j\, S\!\int \left[\dfrac{1}{r}\dfrac{dr}{ds}\dfrac{dr}{d\pi}\right]_{\sigma_,}^{\sigma_{,,}} Ds\, \delta\omega, \qquad \mathfrak{W}_2.$$

worin nun in $\Sigma S \left[\dfrac{1}{r}\dfrac{dr}{d\sigma}\dfrac{dr}{ds}\right]_{\omega_,}^{\omega_{,,}} D\sigma\, Ds$ alle Elemente $D\sigma$ begriffen sind, welche bei der Anfangsposition des Bahnstücks $\beta'\gamma$ und bei seiner Endposition sich innerhalb der inducirenden Strombahn befinden. Diese Gleichung ist identisch mit

$$F = j\{P(\varsigma_{,,} \cdot \mathrm{s}) - P(\varsigma_, \cdot \mathrm{s})\}.$$

Zu derselben Formel gelangt man, wenn die Endelemente des bewegten Bahnstücks wiederholt in die Strombahn eintreten und heraustreten. Sie giebt überhaupt den Werth der elektromotorischen Kraft, welche durch [66] einen Strom, dessen Bahn aus einem ruhenden und einem bewegten Bahnstück besteht, inducirt wird, ist aber, wie leicht ersichtlich, unmittelbar auf einen Inducenten anwendbar, der aus einer beliebigen Anzahl Bahnstücken zusammengesetzt ist, wenn die Unterlagen in den Gleitstellen ruhen. Durch dieselben indirecten Betrachtungen, welche in § 2 und § 3 angestellt sind, lässt sich aus der vorstehenden Formel der Werth von F in allen übrigen Fällen, nämlich in den Fällen, wo die Unterlagen in den Gleitstellen bewegt werden, und in denen, wo eine gleichzeitige Bewegung der Strom- und Leiterelemente stattfindet, ableiten, und diese führt natürlich zu den dort erhaltenen Resultaten.

Anhang.
Ueber den Werth des Potentials zweier geschlossenen elektrischen Ströme in Bezug auf einander.

Das Potential eines Systems von Kräften in Bezug auf einen Punkt definire ich als diejenige Function der Coordinaten dieses Punktes, welche in ihren negativen nach diesen Coordinaten genommenen partiellen Differentialquotienten die mit ihnen parallelen Componenten der Wirkung der Kräfte auf diesen Punkt darstellt. Diese Componenten sind positiv gerechnet, wenn sie die Richtung der positiven Coordinaten haben. Wenn die Kräfte als Wirkungen von Massentheilen auf Massentheile gedacht werden, wie z. B. die magnetischen und elektrostatischen, so wird angenommen, dass diese, je nachdem sie gleichartig oder ungleichartig sind, d. h. mit gleichen oder entgegengesetzten Vorzeichen behaftet sind, sich abstossen oder anziehen.

Das Potential eines Systems von Kräften in Bezug auf ein festes System von Punkten ist eine Function der sechs Grössen, durch welche der Ort und die Lage dieses festen Systems bestimmt wird. Um diese Function zu definiren, nehme ich an, dass der Ort des festen Systems durch drei rechtwinklige Coordinaten a, b, c irgend eines zu dem System gehörigen Punktes A bestimmt sei, und seine Lage durch die Richtung einer durch den Punkt A gehenden geraden Linie B, welche mit dem System fest verbunden ist, und durch den Winkel φ, welchen eine durch B gelegte mit dem System fest verbundene Ebene mit einer unveränderlichen mit B parallelen Ebene bildet. Die Richtung der Linie B sei durch α und β bestimmt. Das Potential [67] eines Kräftesystems in Bezug auf das in Rede stehende feste System ist diejenige Function der sechs Elemente a, b, c, α, β, φ, deren negative partielle Differentialquotienten nach den Coordinaten a, b, c die Summe der mit diesen parallelen Componenten der Wirkung geben, welche die Kräfte auf das System ausüben, und deren negativer partieller Differentialquotient nach φ das Drehungsmoment der Kräfte um die Axe B darstellt.

Bezeichnet man durch σ und s die geschlossenen Bahnen zweier elektrischen Ströme, durch $D\sigma$, Ds ihre Elemente und durch $(D\sigma \cdot Ds)$ den Winkel, unter welchem diese Elemente gegeneinander geneigt sind, so hat, wenn j und i die Intensitäten der Ströme σ und s sind, das Potential Π des einen Stroms in Bezug auf den anderen diesen Ausdruck:

$$(1) \quad \Pi = -\tfrac{1}{2}\,S\Sigma\, ij \cos \frac{(D\sigma \cdot Ds)}{r} Ds\, D\sigma$$

worin

$$(2) \quad r^2 = (x-\xi)^2 + (y-\eta)^2 + (z-\zeta)^2$$

und x, y, z und ξ, η, ζ die Coordinaten von Ds und $D\sigma$ sind. Die Integrationen in (1) beziehen sich auf alle Elemente der geschlossenen Umgänge s und σ. Bei unverzweigten Strömen treten i und j aus den Integralzeichen heraus, weil sie hier unabhängig von s und σ sind, während sie bei verzweigten Strömen Functionen der Zweige sind. Die letzteren können aber immer in einfache Umgänge von constanter Intensität zerlegt, und die Integrationen auf diese ausgedehnt gedacht werden. Dies ist bei den partiellen Integrationen im Folgenden geschehen. Ich werde zunächst beweisen, dass, wenn X, Y, Z die Summe der mit den Coordinatenaxen parallelen Componenten der Wirkung von σ auf s sind, und der Ort und die Lage von s durch a, b, c, α, β, φ bestimmt sind, man hat

$$X = -\frac{d\Pi}{da} \qquad Y = -\frac{d\Pi}{db} \qquad Z = -\frac{d\Pi}{dc}.$$

Nach den *Ampère*'schen Formeln hat man, wenn durch $X_\sigma i\, Ds$, $Y_\sigma i\, Ds$, $Z_\sigma i\, Ds$ die Componenten der Wirkung von σ auf das Element Ds bezeichnet werden:

$$X_\sigma Ds = \tfrac{1}{2}\Sigma_j \frac{\{(y-\eta)\, D\xi - (x-\xi)\, D\eta\}\, Dy}{r^3}$$
$$+ \tfrac{1}{2}\Sigma_j \frac{\{(z-\zeta)\, D\xi - (x-\xi)\, D\zeta\}\, Dz}{r^3},$$

[68] wofür, wie leicht zu ersehen ist, man schreiben kann

$$X_\sigma Ds = -\tfrac{1}{2}\Sigma j\left\{\frac{d\frac{1}{r}}{dx}Dx + \frac{d\frac{1}{r}}{dy}Dy + \frac{d\frac{1}{r}}{dz}Dz\right\}D\xi$$

$$+ \tfrac{1}{2}\Sigma j\frac{d\frac{1}{r}}{dx}\cos(Ds\cdot D\sigma)\,Ds\,D\sigma$$

oder

$$(3)\begin{cases} X_\sigma = -\tfrac{1}{2}\Sigma j\left\{\dfrac{d\frac{1}{r}}{ds}D\xi - \dfrac{d\frac{1}{r}}{dx}\cos(Ds\cdot D\sigma)\,D\sigma\right\}\cdot \\[1ex] \text{Ebenso erhält man} \\[1ex] Y_\sigma = -\tfrac{1}{2}\Sigma j\left\{\dfrac{d\frac{1}{r}}{ds}D\eta - \dfrac{d\frac{1}{r}}{dy}\cos(Ds\cdot D\sigma)\,D\sigma\right\} \\[1ex] Z_\sigma = -\tfrac{1}{2}\Sigma j\left\{\dfrac{d\frac{1}{r}}{ds}D\zeta - \dfrac{d\frac{1}{r}}{dz}\cos(Ds\cdot D\sigma)\,D\sigma\right\}\cdot \end{cases}$$

Bildet man jetzt den Werth von $X = \mathbf{S}\,X_\sigma\,i\,Ds$, das Integral nach den einfachen geschlossenen Umgängen von s genommen, und berücksichtigt, dass innerhalb dieser Grenzen

$$\mathbf{S}\Sigma\,\frac{d\frac{1}{r}}{ds}\,Ds\,D\xi = \Sigma\left[\frac{1}{r}\right]''\,D\xi = 0,$$

wo die Klammer [ ] die Differenz der Werthe bezeichnet, welche die von ihr eingeschlossene Grösse in den durch die beigefügten Indices angedeuteten Grenzen, zwischen welchen integrirt ist, besitzt, so ergiebt sich

$$X = \tfrac{1}{2}\mathbf{S}\Sigma\,ij\,\frac{d\frac{1}{r}}{dx}\cos(Ds\cdot D\sigma)\,Ds\,D\sigma,$$

wofür man schreiben kann, wenn $x = a + x_{,}$, $y = b + y_{,}$, $z = c + z_{,}$, gesetzt wird:

$$X = \tfrac{1}{2} \frac{d \cdot}{da} \, \mathbf{S} \Sigma ij \, \frac{\cos(Ds \cdot D\sigma)}{r} \, Ds \, D\sigma$$

oder in Rücksicht auf (1)

$$X = - \frac{d\Pi}{da}.$$

Auf dieselbe Weise ergiebt sich $Y = - \dfrac{d\Pi}{db}$ und $Z = - \dfrac{d\Pi}{dc}$.

Um zu beweisen, dass $-\dfrac{d\Pi}{d\varphi}$ das Drehungsmoment der Wirkung von [69] σ auf s in Bezug auf Axe B ist, welche Lage diese auch hat, ist es hinreichend, dies für die Fälle nachzuweisen, wo B mit einer der Coordinatenaxen parallel ist. Ich werde, je nachdem B mit der x, y oder z Axe parallel ist, den Buchstaben φ mit λ, μ oder ν vertauschen, und φ nur für den allgemeinen Fall beibehalten. Die Drehungsmomente in Bezug auf die durch den Punkt A gehenden mit x, y oder z parallelen Axen seien L, M, N.

Es sei B parallel mit der z Axe, so ist

$$N = \mathbf{S} \, i \{(x-a) Y_\sigma - (y-b) X_\sigma\} Ds$$

und hierin die Werthe für Y_σ und X_σ aus (3) gesetzt:

$$N = - \tfrac{1}{2} \mathbf{S} \Sigma ij \left\{(x-a) \frac{d\eta}{d\sigma} - (y-b) \frac{d\xi}{d\sigma}\right\} \frac{d\frac{1}{r}}{ds} Ds \, D\sigma$$

$$+ \tfrac{1}{2} \mathbf{S} \Sigma ij \cos(Ds \cdot D\sigma) \left\{(x-a) \frac{d\frac{1}{r}}{dy} - (y-b) \frac{d\frac{1}{r}}{dx}\right\} Ds \, D\sigma.$$

Man erhält aber, wenn man partiell nach Ds innerhalb eines einfachen geschlossenen Umgangs integrirt:

$$\mathbf{S\Sigma}\left\{(x-a)\frac{d\eta}{d\sigma}-(y-b)\frac{d\xi}{d\sigma}\right\}\frac{d\frac{1}{r}}{ds}Ds\,D\sigma$$

$$=\Sigma\left[\frac{(x-a)\frac{d\eta}{d\sigma}-(y-b)\frac{d\xi}{d\sigma}}{r}\right]_{s_{\prime}}^{s_{\prime\prime}}D\sigma-\mathbf{S\Sigma}\frac{1}{r}\left\{\frac{dx}{ds}\frac{d\eta}{d\sigma}-\frac{dy}{ds}\frac{d\xi}{d\sigma}\right\}Ds\,D\sigma,$$

worin, weil $s_\prime$ und $s_{\prime\prime}$ zusammenfallen, der Theil $[\;]_{s_\prime}^{s_{\prime\prime}}$ verschwindet. Demnach wird

(4)
$$N = \tfrac{1}{2}\mathbf{S\Sigma}\,ij\frac{1}{r}\left\{\frac{dx}{ds}\frac{d\eta}{d\sigma}-\frac{dy}{ds}\frac{d\xi}{d\sigma}\right\}Ds\,D\sigma$$
$$+\tfrac{1}{2}\mathbf{S\Sigma}\,ij\cos(Ds\cdot D\sigma)\left\{(x-a)\frac{d\frac{1}{r}}{dy}-(y-b)\frac{d\frac{1}{r}}{dx}\right\}Ds\,D\sigma.$$

Diese Gleichung ist identisch mit

(5)
$$N = \tfrac{1}{2}\frac{d\cdot}{d\nu}\mathbf{S\Sigma}\,ij\frac{\cos(Ds\cdot D\sigma)}{r}Ds\,D\sigma.$$

Dies ergiebt sich aus folgender Betrachtung.

[70] Man hat

$$\frac{d\frac{1}{r}}{d\nu}=\frac{d\frac{1}{r}}{dx}\frac{dx}{d\nu}+\frac{d\frac{1}{r}}{dy}\frac{dy}{d\nu}+\frac{d\frac{1}{r}}{dz}\frac{dz}{d\nu};$$

und weil

$$\cos(Ds\cdot D\sigma)=\frac{d\xi}{d\sigma}\frac{dx}{ds}+\frac{d\eta}{d\sigma}\frac{dy}{ds}+\frac{d\zeta}{d\sigma}\frac{dz}{ds},$$

so ist:

$$\frac{d\cdot}{d\nu}\cos(Ds\cdot D\sigma)=\frac{d\xi}{d\sigma}\frac{d\cdot}{ds}\frac{dx}{d\nu}+\frac{d\eta}{d\sigma}\frac{d\cdot}{ds}\frac{dy}{d\nu}+\frac{d\zeta}{d\sigma}\frac{d\cdot}{ds}\frac{dz}{d\nu};$$

und hieraus, da

$$\frac{dx}{d\nu} = -(y-b), \quad \frac{dy}{d\nu} = x-a, \quad \frac{dz}{d\nu} = 0,$$

ergiebt sich:

$$\frac{d\frac{1}{r}}{d\nu} = (x-a)\frac{d\frac{1}{r}}{dy} - (y-b)\frac{d\frac{1}{r}}{dx}$$

$$\frac{d\cdot}{d\nu}\cos(Ds\cdot D\sigma) = \frac{d\eta}{d\sigma}\frac{dx}{ds} - \frac{d\xi}{d\sigma}\frac{dy}{ds};$$

so dass also

$$\frac{d\cdot}{d\nu}\mathbf{S\Sigma}ij\frac{\cos(Ds\cdot D\sigma)}{r}DsD\sigma = \mathbf{S\Sigma}ij\cdot\frac{1}{r}\left\{\frac{d\eta}{d\sigma}\frac{dx}{ds} - \frac{d\xi}{d\sigma}\frac{dy}{ds}\right\}DsD\sigma$$

$$+ \mathbf{S\Sigma}ij\cos(Ds\cdot D\sigma)\left\{(x-a)\frac{d\frac{1}{r}}{dy} - (y-b)\frac{d\frac{1}{r}}{dx}\right\}DsD\sigma,$$

wodurch die Gleichung (5) erwiesen ist, für welche man auch schreiben kann

$$N = -\frac{d\Pi}{d\nu}.$$

Giebt man der Axe B die Richtung von y oder x, so erhält man auf dem entsprechenden Wege

$$M = -\frac{d\Pi}{d\mu}, \quad L = -\frac{d\Pi}{d\lambda}.$$

Bildet die Axe B mit x, y, z die Winkel l, m, n, so ist, wenn das Drehungsmoment in Bezug auf dieselbe jetzt mit R bezeichnet wird, nach einem bekannten Satze

$$R = L\cos l + M\cos m + N\cos n.$$

[71] Nennt man $\delta\lambda, \delta\mu, \delta\nu$ die drei Drehungen um die durch den Punkt A gelegten x, y, z Axen, welche die Drehung $\delta\varphi$ um die Axe B ersetzen, so dass

$$\delta\lambda = \delta\varphi\cos l \quad \delta\mu = \delta\varphi\cos m \quad \delta\nu = \delta\varphi\cos n,$$

und setzt hieraus die Werthe von $\cos l, \cos m, \cos n$, sowie die vorher gefundenen Werthe für L, M, N in den vorstehenden Ausdruck für R, so erhält man

$$R = -\left\{\frac{d\Pi}{d\lambda}\frac{d\lambda}{d\varphi} + \frac{d\Pi}{d\mu}\frac{d\mu}{d\varphi} + \frac{d\Pi}{d\nu}\frac{d\nu}{d\varphi}\right\},$$

d. i.

$$R = -\frac{d\Pi}{d\varphi}.$$

Anmerkungen.

Die vorliegende Abhandlung enthält drei wichtige Gesetze. Des besseren Zusammenhanges willen werde ich hier noch zwei weitere Gesetze in den Kreis meiner Betrachtungen ziehen, im Ganzen also fünf Gesetze ins Auge fassen, nämlich:
  I. das *Ampère*'sche Gesetz,
  II. das *F. Neumann*'sche Potentialgesetz,
  III. das *Ohm*'sche Gesetz,
  IV. das *F. Neumann*'sche Elementargesetz der inducirten Ströme,
  V. das *F. Neumann*'sche Princip der inducirten Ströme,

von denen die beiden ersten auf ponderomotorische, hingegen die drei letzten auf elektromotorische Kräfte Bezug haben. Dabei möchte ich gleich von vornherein bemerken, dass mein Vater das Gesetz V. aus IV. **abgeleitet** hat, dass also nach seiner Ansicht zwischen diesen beiden Gesetzen vollständiger Einklang herrscht, während nach meiner Ansicht ein solcher Einklang nur dann stattfindet, wenn der inducirende Strom frei von Gleitstellen ist.

Der Einfachheit halber werde ich mich im Folgenden durchweg auf solche Fälle beschränken, in denen die Strombahnen unverzweigt, also einfach geschlossene Curven sind. Eine solche einfach geschlossene Curve werde ich kurzweg einen Ring nennen, und dieses Wort auch dann anwenden, wenn die geschlossene Curve aus mehreren gegen einander verschiebbaren Theilen zusammengesetzt, also mit sogenannten Gleitstellen behaftet ist.

Das Ampère'sche Gesetz.

Dieses Gesetz lautet bekanntlich folgendermaassen: Die ponderomotorische Kraft R, mit welcher zwei Stromelemente $jD\sigma$ und iDs aufeinander einwirken, fällt in die Linie r der gegenseitigen Entfernung, und besitzt, repulsiv gerechnet, den Werth:

(1) $\quad R = \dfrac{ji\,D\sigma\,Ds}{r^2}\,(\tfrac{3}{2}\cos\vartheta\cos\vartheta' - \cos\eta),$

wo ϑ, ϑ', η die *Ampère*'schen Winkel vorstellen, vgl. Seite 8. Dabei ist zu bemerken, dass der Winkel $\eta = (D\sigma \cdot Ds)$ von *Ampère* selber mit ε bezeichnet wurde. Uebrigens ist der Ausdruck (1) auch so darstellbar:

(2) $\quad R = \dfrac{ji\,D\sigma\,Ds}{r^2}\left(r\dfrac{d^2r}{d\sigma\,ds} - \tfrac{1}{2}\dfrac{dr}{d\sigma}\dfrac{dr}{ds}\right),$

oder auch so:

(3) $\quad R = ji\,D\sigma\,Ds\,\dfrac{2}{\sqrt{r}}\dfrac{d^2\sqrt{r}}{d\sigma\,ds},$

wo die Charakteristik d in demselben Sinn gebraucht ist, wie in der vorliegenden Abhandlung. Vgl. die Note Seite 9.

Gegen das *Ampère*'sche Gesetz sind mancherlei Bedenken geäussert. Bei Herausgabe der ersten *F. Neumann*'schen Abhandlung über inducirte Ströme, habe ich Gelegenheit genommen, diese Bedenken zurückzuweisen, oder wenigstens auf ihr richtiges Maass zurückzuführen; wodurch zugleich den auf diesem Gesetz basirenden *F. Neumann*'schen Untersuchungen ein höherer Grad von Sicherheit und Zuverlässigkeit verliehen sein dürfte. Man vgl. die Klassiker d. exact. Wiss. No. 10, Seite 91—93.

Das F. Neumann'sche Potentialgesetz.

Dieses Gesetz ist zum ersten Mal in der hier wiederabgedruckten Abhandlung (Seite 72—78) von meinem Vater veröffentlicht worden. Es mag mir gestattet sein, dieses wichtige Gesetz hier zu verallgemeinern, und zugleich seine Ableitung zu vereinfachen.

Die ponderomotorische Arbeit a, welche zwei Stromelemente $j\,D\sigma$ und $i\,Ds$ bei irgend welchen Bewegungen in der Zeit dt aufeinander ausüben, ist $= R\,dr = R\dfrac{dr}{dt}\,dt$, wo R die in (1), (2), (3) angegebene Kraft bezeichnet, während dr den Zuwachs von r in der Zeit dt vorstellt. Hieraus folgt, falls man für R seinen Werth (3) substituirt, sofort:

Anmerkungen.

$$a = ji \, D\sigma \, Ds \, \frac{2}{\sqrt{r}} \frac{d^2 \sqrt{r}}{d\sigma \, ds} \frac{dr}{dt} dt,$$

d. i.

$$a = 2ji \, dt \cdot D\sigma \, Ds \left\{ 2 \frac{d^2 \sqrt{r}}{d\sigma \, ds} \frac{d\sqrt{r}}{dt} \right\},$$

oder ein wenig anders geschrieben:

$$a = 2ji \, dt \cdot D\sigma \, Ds \left\{ \begin{array}{c} \frac{d}{d\sigma}\left(\frac{d\sqrt{r}}{ds}\frac{d\sqrt{r}}{dt}\right) + \frac{d}{ds}\left(\frac{d\sqrt{r}}{d\sigma}\frac{d\sqrt{r}}{dt}\right) \\ - \frac{d}{dt}\left(\frac{d\sqrt{r}}{d\sigma}\frac{d\sqrt{r}}{ds}\right) \end{array} \right\}.$$

Aus diesem Ausdruck ergiebt sich die von zwei Stromringen ς und s während der Zeit dt aufeinander ausgeübte ponderomotorische Arbeit A dadurch, dass man über alle Elemente $D\sigma$ und Ds derselben integrirt. Hierbei aber verschwinden die beiden ersten Glieder des Ausdrucks. Bezeichnet man also jene Integrationen mit Σ und S, so erhält man:

$$A = -2ji \, dt \cdot \Sigma S \, \frac{d}{dt}\left(\frac{d\sqrt{r}}{d\sigma}\frac{d\sqrt{r}}{ds}\right) D\sigma \, Ds,$$

oder was dasselbe ist:

$$A = -\frac{d}{dt}\left\{2ji \, \Sigma S \, \frac{d\sqrt{r}}{d\sigma}\frac{d\sqrt{r}}{ds} D\sigma \, Ds\right\} dt,$$

wobei alsdann die Differentiation nach t so auszuführen ist, als ob die Stromstärken j und i constant, d. i. von der Zeit unabhängig wären.

Zur Abkürzung setzen wir jetzt:

(4) $\quad \Pi = 2ji \, \Sigma S \, \frac{d\sqrt{r}}{d\sigma}\frac{d\sqrt{r}}{ds} D\sigma \, Ds = \frac{ji}{2} \Sigma S \, \frac{1}{r}\frac{dr}{d\sigma}\frac{dr}{ds} D\sigma \, Ds,$

oder was dasselbe ist:

$$\Pi = \frac{ji}{2} \Sigma S \left(\frac{1}{r}\frac{dr}{d\sigma}\frac{dr}{ds} + \frac{d^2 r}{d\sigma \, ds}\right) D\sigma \, Ds.$$

Der hier in Klammern stehende Ausdruck ist bekanntlich $= -\frac{\cos(D\sigma \cdot Ds)}{r}$; so dass man also schreiben kann:

(5) $\quad \Pi = -\frac{ji}{2} \Sigma S \, \frac{\cos(D\sigma \cdot Ds)}{r} D\sigma Ds.$

Mit Rücksicht auf (4) gewinnt nun der für A erhaltene Werth folgende ausserordentlich einfache Gestalt:

(6) $$A = -\frac{d\Pi}{dt} dt = -d\Pi.$$

Der Ausdruck Π (5) repräsentirt das *F. Neumann*'sche Potential der beiden Stromringe aufeinander. Vgl. Seite 73. Und die Formel (6) liefert also folgendes Theorem:

Die ponderomotorische Arbeit, welche zwei elektrische Stromringe ς und s bei beliebigen Bewegungen während der Zeit dt aufeinander ausüben, ist $= -d\Pi$, wo $d\Pi$ denjenigen Zuwachs vorstellt, den das gegenseitige Potential Π der beiden Ringe während der Zeit dt annehmen würde, falls die Stromstärken während dieser Zeit constant blieben. Dass dieses Theorem auch dann noch gilt, wenn die beiden Stromringe Gleitstellen besitzen, lässt sich leicht zeigen. Man vgl. meine Theorie der elektrischen Kräfte, Leipzig bei Teubner, 1873, Seite 65—67.

Der Ring ς sei fest aufgestellt. Andererseits mag der Ring s sich selber parallel in der Richtung der x-Axe um eine unendlich kleine Strecke da verschoben werden. Die während dieser Verschiebung von ς auf s ausgeübte ponderomotorische Arbeit A ist alsdann (nach allgemeinen Sätzen der Mechanik) gleich der von ς auf s in der Richtung der x-Axe ausgeübten Kraft X, diese noch multiplicirt mit da. Substituirt man diesen Werth $A = X da$ in (6), so erhält man die erste der drei Formeln:

(7) $$X = -\frac{d\Pi}{da}, \quad Y = -\frac{d\Pi}{db}, \quad Z = -\frac{d\Pi}{dc},$$

Die beiden anderen ergeben sich in analoger Art.

Denkt man sich ferner den Ring s um die x-Axe um einen unendlich kleinen Winkel $d\lambda$ gedreht, so wird die von dem festliegenden Ringe ς auf s während dieser Drehung ausgeübte ponderomotorische Arbeit A gleich sein dem von ς auf s ausgeübten Drehungsmoment L, dieses noch multiplicirt mit $d\lambda$. Durch Substitution dieses Werthes $A = L d\lambda$ ergiebt sich aus (6) die erste der drei Formeln:

(8) $$L = -\frac{d\Pi}{d\lambda}, \quad M = -\frac{d\Pi}{d\mu}, \quad N = -\frac{d\Pi}{d\nu}.$$

Die beiden anderen ergeben sich in analoger Art.

Die sechs Formeln (7), (8) repräsentiren zusammengenommen das *F. Neumann*'sche Potentialgesetz. Vgl. die vorliegende Abhandlung, Seite 72, 73 und 77.

Dabei sei noch Folgendes bemerkt: Für den Fall, dass j und i beide $= 1$ sind, wird das Potential Π in der vorliegenden Abhandlung mit P bezeichnet, so dass also P nach (4), (5) die Bedeutung hat:

$$(9)\begin{cases} P = 2\, \Sigma S\, \dfrac{d\sqrt{r}}{d\sigma}\dfrac{d\sqrt{r}}{ds}\, D\sigma\, Ds = \tfrac{1}{2}\, \Sigma S\, \dfrac{1}{r}\dfrac{dr}{d\sigma}\dfrac{dr}{ds}\, D\sigma\, Ds = \\ \quad = -\tfrac{1}{2}\, \Sigma S\, \dfrac{\cos(D\sigma \cdot Ds)}{r}\, D\sigma Ds = -\tfrac{1}{2}\, \Sigma S\, \dfrac{\cos\vartheta \cos\vartheta'}{r}\, D\sigma Ds. \end{cases}$$

Der letzte dieser Ausdrücke, in welchem ϑ, ϑ' die *Ampère*schen Winkel bezeichnen, ergiebt sich sofort aus dem darüber stehenden Ausdruck. Denn es ist bekanntlich $\cos\vartheta = \xi\,\dfrac{dr}{d\sigma}$ und $\cos\vartheta' = -\xi\,\dfrac{dr}{ds}$, wo $\xi = \pm 1$.

Ist endlich $i = 1$, hingegen j beliebig, so wird das Potential Π von meinem Vater mit Q bezeichnet, so dass also die Relation stattfindet:

(10) $$Q = jP.$$

Vgl. die erste Zeile auf Seite 26.

Das Ohm'sche Gesetz.

Das Gesetz lautet: Die in einem **Drahtringe** s vorhandene elektrische Stromstärke ist gleich der Summe aller im Ringe vorhandenen elektromotorischen Kräfte, diese Summe noch multiplicirt mit ε', wo ε' den reciproken Leitungswiderstand des Ringes bezeichnet.

Werden z. B. jene elektromotorischen Kräfte durch einen in der Nähe befindlichen **elektrischen Stromring** ς hervorgebracht, so hat die im Ringe s erzeugte Stromstärke den Werth:

(11) $$\varepsilon'\, \Sigma S\, \eta\, D\sigma\, Ds,$$

wo $\eta\, D\sigma\, Ds$ diejenige elektromotorische Kraft vorstellt, welche ein einzelnes Element $D\sigma$ in einem einzelnen Element Ds hervorbringt.

Dabei sei bemerkt, dass man das Product

(12) $$\eta\, D\sigma\, Ds\, dt$$

zu bezeichnen pflegt als die von $D\sigma$ in Ds während des Zeitelementes dt hervorgebrachte elektromotorische Kraft. Dieser Bezeichnungsweise entsprechend wird also $\eta\, D\sigma\, Ds$ diejenige elektromotorische Kraft zu nennen sein, welche $D\sigma$ in Ds binnen der Zeiteinheit hervorbringen würde, falls η während einer solchen Zeiteinheit constant bliebe.

Das F. Neumann'sche Elementargesetz.

Dieses Gesetz ist in den beiden *F. Neumann*'schen Abhandlungen mehrfach, an verschiedenen Stellen, aber an jeder solchen Stelle immer nur theilweise angegeben. In Anbetracht der ausserordentlichen Wichtigkeit des Gegenstandes mag es mir gestattet sein, jene einzelnen Bruchstücke zusammenzufügen, und in solcher Art das in Rede stehende Elementargesetz deutlich und vollständig zur Anschauung zu bringen.

Ich betrachte zuvörderst den speciellen Fall, dass das inducirende Stromelement $j\, D\sigma$ ruht, während das inducirte Drahtelement Ds in beliebiger Bewegung begriffen ist. Die von $j\, D\sigma$ in Ds während der Zeit dt erzeugte elektromotorische Kraft $\eta\, D\sigma\, Ds\, dt$ (12) besitzt alsdann nach der früheren *F. Neumann*'schen Abhandlung (Klassiker d. exact. Wiss., No. 10, Seite 24) den Werth:

(A) $$\eta\, D\sigma\, Ds\, dt = -\varepsilon v\, (c\, D\sigma\, Ds)\, dt\,.$$

Hier bezeichnet ε die Inductionsconstante, und v die augenblickliche Geschwindigkeit des Elementes Ds. Ferner hat hier $c\, D\sigma\, Ds$ die Bedeutung:

$$c\, D\sigma\, Ds = R\cos(R\cdot v)\,,$$

wo R diejenige ponderomotorische Kraft vorstellt, welche $j\, D\sigma$ auf das Element Ds ausüben würde, falls letzteres von einem elektrischen Strom von der Stärke Eins durchflossen wäre. Somit folgt aus (3)

$$c\, D\sigma\, Ds = j\, D\sigma\, Ds\, \frac{2}{\sqrt{r}}\, \frac{d^2\sqrt{r}}{d\sigma\, ds}\, \cos(R\cdot v)\,.$$

Demgemäss ergiebt sich aus (A):

(B) $\quad \eta\, Do\, Ds\, dt = -\,\varepsilon j\, D\sigma\, Ds\, \dfrac{2}{\sqrt{r}}\, \dfrac{d^2 \sqrt{r}}{d\sigma\, ds} \cdot v \cos(R\cdot v)\cdot dt$.

Bezeichnet man nun das von Ds während der Zeit dt durchlaufene Wegelement mit do, so ist $v = \dfrac{do}{dt}$, mithin:

$$v \cos(R\cdot v) = \dfrac{do\cdot \cos(R\cdot v)}{dt} = \dfrac{dr}{dt},$$

wo dr den Zuwachs von r während der Zeit dt vorstellt*).
Somit folgt aus (B):

(C) $\quad \eta\, D\sigma\, Ds\, dt = -\,\varepsilon j\, D\sigma\, Ds \left(\dfrac{2}{\sqrt{r}}\, \dfrac{d^2\sqrt{r}}{d\sigma\, ds}\, \dfrac{dr}{dt} \right) dt$,

oder was dasselbe ist:

(D) $\quad \eta\, D\sigma\, Ds\, dt = -\,\varepsilon j\, D\sigma\, Ds \left(4\, \dfrac{d^2\sqrt{r}}{d\sigma\, ds}\, \dfrac{d\sqrt{r}}{dt} \right) dt$.

Beachtet man nun, dass die von $j\, D\sigma$ in Ds erzeugte elektromotorische Kraft immer nur abhängig sein kann von der **relativen** Bewegung des einen Elementes in Bezug auf das andere, so erkennt man sofort, dass die Formel (D) ganz **allgemein** gilt, einerlei ob das eine Element $jD\sigma$ ruht, oder ob **beide** Elemente in Bewegung begriffen sind.

Dagegen ist bei der Formel (D) stillschweigend vorausgesetzt worden, dass die Stromstärke j **constant** sei. Aendert sich j, so ist, wie mein Vater gezeigt hat, zum Ausdruck (D) noch ein von $\dfrac{dj}{dt}$ abhängendes Glied hinzuzufügen. Dieses Glied aber ist von meinem Vater nicht mit voller Bestimmtheit angegeben. Vielmehr sind von ihm für dieses Glied zwei verschiedene Werthe proponirt, ohne bestimmte Entscheidung zu Gunsten des einen oder andern, nämlich einerseits der Werth

(p) $\quad -\dfrac{\varepsilon}{2}\, \dfrac{D\sigma\, Ds}{r}\, \cos(D\sigma\cdot Ds)\, \dfrac{dj}{dt}\, dt$,

und andererseits der Werth:

---

*) Dass in der That $do\cdot \cos(R\cdot v) = dr$ ist, kann keinem Zweifel unterliegen. Denn R ist, wie schon früher betont wurde, **repulsiv** gerechnet, und repräsentirt also hier die Richtung der über ds hinaus verlängerten Linie r.

$$\text{(q)} \quad +\frac{\varepsilon}{2}\frac{D\sigma\,Ds}{r}\frac{dr}{d\sigma}\frac{dr}{ds}\frac{dj}{dt}dt = -\frac{\varepsilon}{2}\frac{D\sigma\,Ds}{r}\cos\vartheta\cos\vartheta'\frac{dj}{dt}dt,$$

wo wiederum ϑ, ϑ' die *Ampère*'schen Winkel vorstellen. Man vgl., was (p) betrifft, die hier vorliegende Abhandlung Seite 45 (6), und sodann, was (q) betrifft, die auf derselben Seite 45 befindlichen früheren Formeln (3), (4), (5).

Durch Zufügung dieses Gliedes (p) oder (q) erhält die Formel (D) die Gestalt:

$$(13) \quad \eta D\sigma\, Ds\, dt = -\varepsilon j\, D\sigma\, Ds\left(4\frac{d^2\sqrt{r}}{d\sigma\, ds}\frac{d\sqrt{r}}{dt}\right)dt - \frac{\varepsilon D\sigma\, Ds}{2}\Psi\frac{dj}{dt}dt,$$

wo alsdann Ψ einen der beiden Werthe besitzt:

$$(13\text{a}) \quad \Psi = \frac{\cos(D\sigma \cdot Ds)}{r},$$

$$\Psi = \frac{\cos\vartheta\cos\vartheta'}{r}.$$

Die Formel (13) repräsentirt das *F. Neumann*'sche Elementargesetz. Dabei bezeichnet Ψ einen der beiden Werthe (13a), ohne dass von *F. Neumann* eine bestimmte Entscheidung gegeben wäre zu Gunsten des einen oder anderen Werthes.

Das F. Neumann'sche Princip.

Dieses wichtige und durch seine grosse Einfachheit ganz besonders ausgezeichnete Princip bildet den Hauptinhalt der vorliegenden Abhandlung, und ist daselbst gleich zu Anfang (Seite 3 und 4) in voller Allgemeinheit ausgesprochen. Das Princip hat sich experimentell bewährt. Bedenken gegen dasselbe sind meines Wissens niemals entstanden. Kurz, es dürfte dieses Princip eines der einfachsten und zuverlässigsten[*]) Gesetze sein im ganzen Gebiet der Elektrodynamik.

Dieses Gesetz oder Princip ist in der hier vorliegenden Abhandlung abgeleitet aus dem soeben besprochenen Elementargesetz. Demgemäss stellen wir uns die Aufgabe, eine solche Ableitung hier wirklich zu bewerkstelligen.

---

*) Immerhin würden mir weitere experimentelle Prüfungen desselben, namentlich in solchen Fällen, wo der Inducent Gleitstellen besitzt, höchst wünschenswerth erscheinen.

Es seien zwei mit Gleitstellen versehene Drahtringe ς und s gegeben; und zwar sei ς von einem Strom durchflossen, dessen Stärke j (aus irgend welchen Gründen) von Augenblick zu Augenblick in stetiger Weise sich ändert. Beide Ringe ς und s seien in beliebigen Bewegungen begriffen. Wir stellen uns die Aufgabe, die Summe derjenigen elektromotorischen Kräfte zu berechnen, welche ς während der Zeit dt im Ringe s hervorbringt.

Zur Vereinfachung wollen wir vorläufig annehmen, dass in den Gleitstellen nur Elemente in die Ringe **eintreten**, nicht aber austreten. Die während der Zeit dt in die Ringe ς und s neu eintretenden Elemente bezeichnen wir respective mit $\varDelta\sigma$ und $\varDelta s$, während die bereits zu **Anfang** dieses Zeitelementes dt in den Ringen enthaltenen Elemente $D\sigma$ und Ds heissen mögen. Demgemäss ist die Anzahl der $D\sigma$ **unendlich gross**, andererseits aber die Anzahl der $\varDelta\sigma$ eine **endliche**, nämlich ebenso gross wie die Anzahl der im Ringe ς vorhandenen Gleitstellen. Analoges gilt selbstverständlich von den Ds und $\varDelta s$.

Die von einem einzelnen Element $D\sigma$ in einem einzelnen Element Ds während der Zeit dt hervorgebrachte elektromotorische Kraft hat nach dem *F. Neumann*'schen **Elementargesetz** (13) den Werth:

$$(\alpha) \quad \eta\, D\sigma\, Ds\, dt = -\varepsilon j\, D\sigma\, Ds \left(4\frac{d^2 V\bar{r}}{d\sigma\, ds}\frac{dV\bar{r}}{dt}\right) dt - \frac{\varepsilon\, D\sigma\, Ds}{2} \Psi dj.$$

Diese Formel gilt nur für die $D\sigma$, nicht aber für die $\varDelta\sigma$. Während nämlich in jedem Element $D\sigma$ die Stromstärke in der Zeit dt von j auf $j + dj$ wächst, wird sie in jedem der neu eintretenden Elemente $\varDelta\sigma$ während der Zeit dt von Null aus bis zu $j + dj$ ansteigen. Die mit (α) analoge Formel für ein Element $\varDelta\sigma$ wird daher folgendermaassen lauten:

$$\eta\, \varDelta\sigma\, Ds\, dt = -\varepsilon y\, \varDelta\sigma\, Ds \left(4\frac{d^2 V\bar{r}}{d\sigma\, ds}\frac{dV\bar{r}}{dt}\right) dt - \frac{\varepsilon\, \varDelta\sigma\, Ds}{2} \Psi (j + dj),$$

wo unter y offenbar irgend ein Mittelwerth zwischen denjenigen Stromstärken 0 und $j + dj$ zu verstehen ist, welche das Element $\varDelta\sigma$ zu Anfang und zu Ende des Zeitelementes dt besitzt.

Glücklicherweise sind weitere Ueberlegungen über die Wahl dieses Mittelwerthes nicht erforderlich. Denn man sieht sofort, dass das mit y behaftete Glied ein Unendlichkleines **dritter** Ordnung ist, mithin verschwindet gegen das letzte Glied, dessen unendliche Kleinheit der **zweiten** Ordnung angehört. Auch ist in diesem letzten Gliede das Binom $j + dj$ offenbar ersetzbar durch j. Somit reducirt sich die Formel auf:

$$(\beta) \qquad \eta \, \varDelta \sigma \, Ds \, dt = - \frac{\varepsilon \varDelta \sigma \, Ds}{2} \Psi j.$$

Denkt man sich nun die Formel (α) für alle Elementenpaare $D\sigma, Ds$, und die Formel (β) für alle Elementenpaare $\varDelta \sigma, Ds$ hingestellt, so gelangt man durch Addition all' dieser Formeln zu dem Ergebniss, dass die Summe dF aller von ς im Ringe s während der Zeit dt inducirten elektromotorischen Kräfte den Werth hat:

$$(14) \qquad dF = - \varepsilon j \left(\Sigma S \, 4 \frac{d^2 V\bar{r}}{d\sigma \, ds} \frac{dV\bar{r}}{dt} D\sigma \, Ds \right) dt \\ - \frac{\varepsilon}{2} \left(\Sigma S \, \Psi \, D\sigma \, Ds \right) dj - \frac{\varepsilon j}{2} \left(\Sigma S \, \Psi \, \varDelta \sigma \, Ds \right),$$

wo das Zeichen Σ im **letzten** Ausdruck kein Integral, sondern die Summe einer **endlichen** Zahl von Gliedern andeutet. Denn es erstreckt sich diese Summe über alle während der Zeit dt in den Ring ς neu eintretenden Elemente $\varDelta \sigma$; sie besteht daher aus ebensovielen Gliedern, als Gleitstellen in ς vorhanden sind. Hieraus ergiebt sich sofort, dass alle drei Ausdrücke der Formel (14) unendlich kleine Grössen **erster** Ordnung sind, und dass es also völlig unstatthaft sein würde, etwa den letzten Ausdruck gegenüber den beiden ersten vernachlässigen zu wollen.

Bei Ableitung der Formel (14) scheinen die in den Ring s während der Zeit dt neu eingetretenen Elemente $\varDelta s$ ganz vergessen zu sein. Wollte man aber diese Elemente $\varDelta s$ mit in Rechnung bringen, so würde, weil die Anzahl der $\varDelta s$ **endlich**, hingegen die Anzahl der Ds **unendlich gross** ist, zur rechten Seite der Formel (14) nur noch ein Glied hinzutreten, welches dieser rechten Seite gegenüber verschwindend klein, mithin fortzulassen ist.

Nur der Bequemlichkeit willen ist bis jetzt vorausgesetzt, dass in den Gleitstellen der beiden Ringe nur Elemente **eintreten**, nicht aber austreten. In der That übersieht man leicht, dass die Formel (14) ganz allgemein gelten wird, falls man nur in ihr unter den $\varDelta\sigma$ die absoluten Längen der neu eintretenden, anderseits aber die mit (-1) multiplicirten Längen der austretenden Elemente versteht.

Beachten wir jetzt die schon früher benutzte identische Gleichung:

$$2 \frac{d^2 \overline{Vr}}{d\sigma\, ds} \frac{d\overline{Vr}}{dt} =$$
$$= \frac{d}{d\sigma}\left(\frac{d\overline{Vr}}{ds}\frac{d\overline{Vr}}{dt}\right) + \frac{d}{ds}\left(\frac{d\overline{Vr}}{d\sigma}\frac{d\overline{Vr}}{dt}\right) - \frac{d}{dt}\left(\frac{d\overline{Vr}}{ds}\frac{d\overline{Vr}}{d\sigma}\right),$$

so reducirt sich die Formel (14) auf*):

(15)
$$dF = \varepsilon j \frac{d}{dt}\left(\mathbf{\Sigma S}\, 2 \frac{d\overline{Vr}}{d\sigma}\frac{d\overline{Vr}}{ds}\, D\sigma\, Ds\right) dt$$
$$- \frac{\varepsilon}{2}\left(\mathbf{\Sigma S}\, \Psi\, D\sigma\, Ds\right) dj - \frac{\varepsilon j}{2}\left(\mathbf{\Sigma S}\, \Psi\, \varDelta\sigma\, Ds\right).$$

Der eingeklammerte Ausdruck im ersten Gliede ist $= P$, vgl. (9). Der eingeklammerte Ausdruck des zweiten Gliedes erhält, falls man für Ψ seine Bedeutung (13a) substituirt, entweder den Werth

$$\mathbf{\Sigma S}\, \frac{\cos(D\sigma \cdot Ds)}{r}\, D\sigma\, Ds$$

oder den Werth

$$\mathbf{\Sigma S}\, \frac{\cos\vartheta \cos\vartheta'}{r}\, D\sigma\, Ds.$$

Er ist daher, nach (9), unter allen Umständen $= -2P$. Somit folgt aus (15):

(16) $\quad dF = \varepsilon j \dfrac{dP}{dt} dt + \varepsilon P \dfrac{dj}{dt} dt - \dfrac{\varepsilon j}{2}\left(\mathbf{\Sigma S}\, \Psi\, \varDelta\sigma\, Ds\right),$

oder was dasselbe ist:

(17) $\quad dF = \varepsilon \dfrac{d(jP)}{dt} dt - \dfrac{\varepsilon j}{2}\left(\mathbf{\Sigma S}\, \Psi\, \varDelta\sigma\, Ds\right).$

Nach (10) ist aber $jP = Q$. Somit folgt:

---

*) Dass der Uebergang von (14) zu (15) auch dann noch correct ist, wenn die Ringe mit Gleitstellen behaftet sind, ergiebt sich mittelst gewisser allgemeiner Sätze. Man findet diese Sätze in den Abhandlungen der K. Sächs. Ges. d. Wiss. 1873, Seite 446 und 447.

(18) $$dF = \varepsilon \frac{dQ}{dt} dt - \frac{\varepsilon j}{2}\left(\Sigma S \, \Psi \, \varDelta \sigma \, Ds\right).$$

Integrirt man endlich diese Formel über ein beliebiges Zeitintervall $t_{,} \cdots t_{,,}$, so erhält man für die während dieses Zeitintervalls von ς in s inducirte elektromotorische Kraft F den Werth:

(19) $$F = \varepsilon (Q_{,,} - Q_{,}) - \frac{\varepsilon}{2}\int_{t_,}^{t_{,,}} j \left(\Sigma S \, \Psi \, \varDelta \sigma \, Ds\right),$$

wo $Q_{,}$ und $Q_{,,}$ die Werthe von Q in den Augenblicken $t_{,}$ und $t_{,,}$ vorstellen.

Vergleichen wir nun diese Formel (19) mit dem allgemeinen F. Neumann'schen Princip, d. i. mit der Formel auf Seite 50:

(19*) $$F = \varepsilon (Q_{,,} - Q_{,}),$$

so bemerken wir einen sehr wesentlichen Unterschied.

In der That haben wir hier zwei ganz verschiedene Formeln vor uns. Die Formel (19) repräsentirt das F. Neumann'sche Elementargesetz, insofern als sie von uns aus diesem in (13) angegebenen Elementargesetz in directer Weise abgeleitet ist. Andererseits aber repräsentirt die Formel (19*) das F. Neumann'sche allgemeine Princip. Es findet also zwischen jenem Elementargesetz und diesem Princip kein Einklang statt. Denn je nachdem wir das eine oder das andere anwenden, erhalten wir für die inducirte elektromotorische Kraft F bald den Werth (19), bald den Werth (19*).

Das störende Glied, welches den Unterschied der beiden Formeln (19) und (19*) ausmacht, ist behaftet mit den $\varDelta\sigma$, und wird also verschwinden, falls die $\varDelta\sigma$ alle $= 0$ sind, d. i., falls der inducirende Strom ς keine Gleitstellen hat. Demgemäss können wir das Hauptresultat unserer Untersuchung so aussprechen:

Das F. Neumann'sche Elementargesetz führt in directer Weise zum F. Neumann'schen Princip, falls der Inducent frei von Gleitstellen ist.

Hingegen führt jenes Elementargesetz zu einer von diesem Princip wesentlich verschiedenen Formel, sobald Gleitstellen im Inducenten vorhanden sind.

Betrachtet man also dieses Princip als experimentell bewiesen, als wirklich unantastbar, so würde hieraus folgen, dass jenes Elementargesetz unhaltbar sei, oder wenigstens noch irgend welcher Correction bedürfe.

Das eigentliche *Novum*, welches durch die hier angestellten Betrachtungen in die Dinge hineingetragen ist, besteht in den Kräften (β) Seite 88, und namentlich in dem Umstande, dass diese Kräfte (β) gegenüber den Kräften (α) Seite 87 nicht zu vernachlässigen sind.

In der Abhandlung meines Vaters konnte auf Seite 29 dieser Kräfte (β) schon deswegen nicht gedacht werden, weil dort nur derjenige Theil der elektromotorischen Kräfte betrachtet wird, welcher aus Ortsveränderungen entspringt. Der von Intensitätsveränderungen herrührende Theil dieser Kräfte kommt erst später Seite 43—52 in Betracht, und wird auf Seite 46 in (10) durch das Integral

$$\varepsilon \int \delta t \, P(\varsigma \cdot s' \frac{dj}{dt}$$

ausgedrückt. Jene von den Intensitätsveränderungen herrührenden elektromotorischen Kräfte (β), die wesentlich dadurch charakterisirt sind, dass sie nicht dj, sondern j selber als Factor enthalten, scheinen also ganz ausser Acht gelassen zu sein*.

Wäre eine solche Vernachlässigung der Kräfte (β) wirklich gestattet, so würden, wie man sofort erkennt, die Formeln (19) und (19*) untereinander identisch werden. Und es würde dann also — entsprechend der Ansicht meines Vaters — zwischen dem Elementargesetz und dem allgemeinen Princip in der That vollständiger Einklang stattfinden.

---

*) Hiermit contrastirt allerdings eine gelegentliche Aeusserung auf Seite 61, 62, welche dahin lautet, dass in den neu eintretenden oder austretenden Elementen die Stromstärke plötzlich von 0 bis j, oder von j bis 0 sich verändere, und dass der hierdurch hervorgebrachte inducirende Effect in den früheren Formeln schon mit enthalten sei.

Ich weiss diesen Widerspruch weder zu beseitigen, noch auch zu erklären. Möglicherweise liegt die Erklärung darin, dass die hier in Betracht kommenden Theile der Abhandlung — nach der etwas verschiedenen Bezeichnungsweise zu urtheilen — zu verschiedenen Zeiten niedergeschrieben sind. Während nämlich im eigentlichen Haupttheil (§ 1—4) der inducirende Strom j heisst, ist derselbe im letzten Theil (§ 5), sowie auch in der Einleitung, mit i bezeichnet worden. Bei dem hier vorliegenden Neudruck habe ich mir allerdings erlaubt, diese Ungleichmässigkeit zu beseitigen, und den inducirenden Strom durchweg mit j zu bezeichnen.

92 Anmerkungen.

Uebrigens habe ich diese Dinge schon früher besprochen in meinem Werke über die elektrischen Kräfte, Leipzig bei Teubner, 1873, Seite 214—232. Meine dortigen Betrachtungen waren aber vermischt mit mancherlei andern, zum Theil sehr mühsamen Ueberlegungen, und entbehrten infolge dessen wohl der hinreichenden Deutlichkeit. Demgemäss habe ich hier diese Betrachtungen von Neuem wiederholt, und etwas anschaulicher und übersichtlicher zu gestalten gesucht.

Ueber ein F. Neumann'sches Experiment.

Ich werde schliesslich die Formeln (19) und (19*) noch auf ein von meinem Vater angestelltes Experiment anwenden, aus dem zugleich hervorgehen wird, dass das jene beiden Formeln unterscheidende Glied unter Umständen einen recht beträchtlichen Werth haben kann.

In der Mitte der Seite 66 heisst es: »Zum Multiplicator gelangen bei fortgesetzter rascher Drehung der Axe $\varepsilon\eta$ drei Ströme u. s. w.« — Der dort behandelte Fall ist im Wesentlichen folgender:

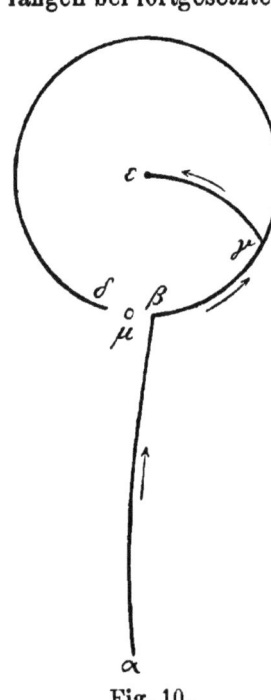

Fig. 10.

Der Strom j einer bei α aufgestellten galvanischen Batterie geht (wie die in der Figur 10 angegebenen Pfeile andeuten) von α über β und γ nach ε, und von hier aus durch einen in der Figur nicht gezeichneten Draht nach α zurück. Mit Ausnahme des Bahnstückes $\varepsilon\gamma$ sind alle Theile der eben genannten Drahtleitung unbeweglich. Das Bahnstück $\varepsilon\gamma$ hingegen befindet sich (etwa getrieben durch ein Uhrwerk) in schneller und gleichförmiger Rotation um den Punkt ε, und zwar der Art, dass sein Ende γ längs des kreisförmigen Drahtstückes $\beta\gamma\delta$ dahinschleift. Das Ende δ dieses kreisförmigen Bahnstückes reicht sehr nahe an seinen Anfang β, ohne mit β in leitender Verbindung zu stehen. Der Mittelpunkt dieser zwischen β und δ vorhandenen Lücke mag μ heissen.

Der Widerstand des kreisförmigen Bahnstückes $\beta\gamma\delta$ mag im Vergleich mit den Widerständen der übrigen Theile der Drahtleitung so ausserordentlich klein gedacht werden, dass die Stärke j des elektrischen Stroms, während γ von β nach δ fortgleitet, constant bleibt.

Wir wollen, was die Rotation des Bahnstückes $\varepsilon\gamma$ betrifft, unter $\beta\gamma\delta$ diejenige Zeit verstehen, welche der Endpunkt dieses Bahnstückes braucht, um von β über γ nach δ zu gelangen. Ferner mag δ denjenigen Zeitaugenblick bezeichnen, in welchem jener Endpunkt die Stelle δ passirt, und β den unmittelbar folgenden Zeitaugenblick, in welchem jener Endpunkt die Stelle β passirt.

Es handelt sich darum, die Summe F derjenigen elektromotorischen Kräfte zu berechnen, welche der Strom $\alpha\beta\gamma\varepsilon\alpha$ während einer einmaligen Umdrehung des Bahnstückes $\varepsilon\gamma$ in irgend einem in der Nähe fest aufgestellten Drahtring s inducirt.

Diese Summe F ist zerlegbar in drei Theile:

$$(20) \qquad F = F^\beta + F^{\beta\gamma\delta} + F^\delta.$$

Denken wir uns nämlich jene Umdrehung vom Punkt μ ausgehend, und über $\beta\gamma\delta$ nach μ zurückkehrend, so wird in s zunächst im Augenblick β eine gewisse Summe F^β elektromotorischer Kräfte hervorgebracht durch das plötzliche Anschwellen des inducirenden Stroms von 0 auf j. Sodann wird in s während der Zeit $\beta\gamma\delta$ eine gewisse Summe $F^{\beta\gamma\delta}$ elektromotorischer Kräfte erzeugt, theils durch die Bewegung des Bahnstückes $\varepsilon\gamma$, theils auch durch die an der Gleitstelle γ in den Inducenten neu eintretenden Elemente (deren Stromstärke beim Eintreten von 0 auf j ansteigt). Endlich wird in s im Augenblick δ von Neuem eine gewisse Summe F^δ elektromotorischer Kräfte inducirt durch das plötzliche Sinken des inducirenden Stroms von j auf 0.

Das Potential des inducirenden Stroms $\alpha\beta\gamma\varepsilon\alpha$ auf den Ring s mag für den Fall, dass beide Ringe die Stromstärke Eins haben, mit P bezeichnet sein. Dieses Potential P wird offenbar während der Umdrehung des Bahnstückes $\varepsilon\gamma$ von Augenblick zu Augenblick sich ändern. Seine Werthe in den Augenblicken β und δ mögen P^β und P^δ heissen. Auf Grund des *F. Neumann*'schen Elementargesetzes, oder vielmehr auf Grund der aus diesem Gesetz entsprungenen Formel (19) ergeben sich alsdann für $F^{\beta\gamma\delta}$, F^β und F^δ die Werthe:

(20a) $\begin{cases} F^{\beta\gamma\delta} = \varepsilon(jP^\delta - jP^\beta) - \dfrac{\varepsilon j}{2}\displaystyle\int_\beta^\delta \left(\Sigma S\, \Psi\, \varDelta\sigma\, Ds\right), \\ F^\beta = \varepsilon(jP^\beta - 0), \\ F^\delta = \varepsilon(0 - jP^\delta). \end{cases}$

Somit geht die Formel (20) über in:

(21) $$F = -\frac{\varepsilon j}{2}\int_\beta^\delta \left(\Sigma S\, \Psi\, \varDelta\sigma\, Ds\right).$$

Der hier auftretende Ausdruck

$$\Sigma S\, \Psi\, \varDelta\sigma\, Ds = \Sigma\left(\varDelta\sigma\, S\, \Psi\, Ds\right)$$

kann leicht vereinfacht werden. Es enthält nämlich die Summe Σ (wie schon früher bemerkt wurde) nur eine **endliche** Anzahl von Gliedern, nämlich ebenso viele Glieder als $\varDelta\sigma$ vorhanden sind. Im gegenwärtigen Fall existirt nur **eine** Gleitstelle (gelegen bei γ), mithin auch nur **ein** Element $\varDelta\sigma$; so dass sich also jener Ausdruck reducirt auf

$$\varDelta\sigma\, S\, \Psi\, Ds.$$

Demgemäss geht die Formel (21) über in:

(22) $$F = -\frac{\varepsilon j}{2}\int_\beta^\delta \left(\varDelta\sigma\, S\, \Psi\, Ds\right).$$

Diese Formel aber kann offenbar auch so geschrieben werden:

(23) $$F = -\frac{\varepsilon j}{2}\Sigma_{\beta\gamma\delta}\left(\varDelta\sigma\, S\, \Psi Ds\right) = -\frac{\varepsilon j}{2}\Sigma_{\beta\gamma\delta}\left(D\sigma\, S\, \Psi Ds\right),$$

wo alsdann $\Sigma_{\beta\gamma\delta}$ eine **Integration** andeutet, und zwar eine Integration über **sämmtliche** Elemente $\varDelta\sigma$ des kreisförmigen Drahtstückes $\beta\gamma\delta$. Ob man dabei diese Elemente mit $\varDelta\sigma$ oder $D\sigma$ bezeichnet, ist gleichgültig.

Substituirt man jetzt für Ψ seine eigentliche Bedeutung (13a), so erhält man für F entweder den Werth:

$$F = \varepsilon j\left\{-\tfrac{1}{2}\Sigma_{\beta\gamma\delta} S\,\frac{\cos(D\sigma\cdot Ds)}{r}\,D\sigma\,Ds\right\};$$

oder den Werth:
$$F = \varepsilon j \left\{ - \tfrac{1}{2} \Sigma_{\beta\gamma\delta} \mathsf{S} \frac{\cos \vartheta \cos \vartheta'}{r} D\sigma\, Ds \right\}.$$

Im einen wie im anderen Werth ist aber der in der Klammer stehende Ausdruck, wie aus (9) ersichtlich, gleich dem Potential P des Kreises $\beta\gamma\delta$ in Bezug auf den Ring s, also gleich $(P^\delta - P^\beta)$, wo P^δ und P^β die schon früher festgesetzten Bedeutungen haben. Somit erhält man also schliesslich:

(24) $\qquad F = \varepsilon j (P^\delta - P^\beta).$

Dieses Resultat (24) hat sich hier ergeben auf Grund des F. Neumann'schen Elementargesetzes (13), d. i. auf Grund der aus diesem Gesetz entsprungenen Formel (19).

Wir wollen nun andererseits, statt dieses Elementargesetzes, das F. Neumann'sche allgemeine Princip, d. i. statt (19) die Formel (19*) der Betrachtung zu Grunde legen. Alsdann werden wir statt der Formeln (20), (20a) offenbar folgende erhalten:

$$F = F^\beta + F^{\beta\gamma\delta} + F^\delta,$$
$$\begin{cases} F^{\beta\gamma\delta} = \varepsilon (jP^\delta - jP^\beta), \\ F^\beta = \varepsilon (jP^\beta - 0), \\ F^\delta = \varepsilon (0 - jP^\delta), \end{cases}$$

mithin zu folgendem Endresultat gelangen:

(24*) $\qquad F = 0.$

Der Werth von F ist nun von meinem Vater experimentell bestimmt worden. Und zwar ergab das Experiment:

$$F = 0;$$

vgl. Seite 67, Zeile 7 v. u. Die experimentelle Beobachtung spricht also für (24*), und gegen (24). D. h. sie spricht für das F. Neumann'sche allgemeine Princip, und gegen das F. Neumann'sche Elementargesetz.

Die hier besprochene Abhandlung meines hochverehrten Vaters dürfte zu den grossartigsten und wichtigsten Schöpfungen gehören im ganzen Gebiet der mathematischen Physik. Aber selbst die erhabensten Werke der mathematischen Literatur wollen nicht blos angestaunt und bewundert, sondern vor allen

Anmerkungen.

Dingen auch ernstlich studirt sein. Die Resultate eines solchen Studiums habe ich in diesen Anmerkungen niedergelegt. Dabei habe ich sorgfältig der Bezeichnungsweise meines Vaters mich angeschlossen. Nur ein Buchstabe ist von mir neu eingeführt worden, nämlich das η. Vgl. Seite 83, 84 (11), (12). Dabei ist zu bemerken, dass dieses η, seiner Bedeutung nach, identisch ist mit dem E_η im letzten Theil der vorliegenden Abhandlung. Vgl. den Anfang der Seite 55, und namentlich auch die Formel (7b) auf Seite 57.

Es sind noch einige Worte zuzufügen speciell über den § 5, in welchem das *F. Neumann*'sche allgemeine Princip mit den Resultaten der *W. Weber*'schen Theorie verglichen wird. Zu Anfang dieses Paragraphen (Seite 52—60) zeigt sich in dieser Beziehung volle Uebereinstimmung. Sodann aber ergeben sich, im weiteren Verlauf des Paragraphen (Seite 61—71), aus der *Weber*'schen Theorie Formeln, die von den betreffenden *Neumann*'schen Formeln mehr oder weniger abweichen. Um diese heterogenen Formeln besser übersehen und auseinanderhalten zu können, habe ich daselbst die einen mit 𝔚., die anderen mit 𝔑. bezeichnet. Auch ist auf jenen Seiten (Seite 61—71) die *Weber*'sche Theorie in verschiedenen Modificationen entwickelt; dementsprechend sind von mir den betreffenden Formeln respective die Signaturen 𝔚., 𝔚$_1$. und 𝔚$_2$. beigefügt worden.

Schliesslich sei bemerkt, dass in allen Paragraphen der vorliegenden Abhandlung die Buchstaben ς und s blosse **Namen** sein sollen für das inducirende und inducirte System, während die betreffenden **Bogen** und **Bogenelemente** durchweg mit σ, $D\sigma$ und s, Ds bezeichnet sind. Doch ist eine solche Unterscheidung zwischen ς und σ, andererseits zwischen s und s nicht vorhanden in der Einleitung (Seite 3—7), und ebenso wenig im Anhange (Seite 72—78).

Leipzig, April 1892.

C. Neumann.